高等院校艺术设计专业精品系列教材

"互联网＋"新形态立体化教学资源特色教材

建筑模型
设计与制作
（第3版）

总主编 邓诗元

李映彤　汤留泉　编著

中国轻工业出版社

图书在版编目（CIP）数据

建筑模型设计与制作 / 李映彤，汤留泉编著. —3版. —北京：
中国轻工业出版社，2024.8

全国高等教育艺术设计专业规划教材

ISBN 978-7-5184-1554-0

Ⅰ. ①建… Ⅱ. ①李… ②汤… Ⅲ. ①模型（建筑）—设计—高等
学校—教材 ②模型（建筑）—制作—高等学校—教材 Ⅳ. ①TU205

中国版本图书馆CIP数据核字（2017）第195923号

内 容 提 要

本书全面介绍现代建筑模型设计与制作的具体方法，深入分析了现代建筑模型的发展趋势，详细讲解了建筑模型的制作方法与流程，所选图片均具有典范性，为建筑模型的制作指明了正确方向。全书分为建筑模型概述、建筑模型设计、材料与设备、模型制作工艺、模型制作步骤、优秀作品欣赏等六章，坚持理论与实践紧密结合的原则，内容翔实，表述准确，是普通高等院校建筑设计专业、环境艺术设计专业的必备教材，也是建筑模型爱好者与模型生产企业的重要参考资料。

二维码说明

本书附二维码，其中包含本书同步PPT课件与模型制作视频，作为辅助教学资料，仅供课堂教学播放使用。未经作者与中国轻工业出版社允许，任何个人、单位、机构不得进行复制、转载、出版发行、网络发行、网络发布、商业应用等活动，否则将追究其法律责任。

责任编辑：王 淳 李 红　　责任终审：孟寿萱　　整体设计：锋尚设计
策划编辑：王 淳　　责任校对：燕 杰　　责任监印：张 可

出版发行：中国轻工业出版社（北京鲁谷东街5号，邮编：100040）

印　　刷：艺堂印刷（天津）有限公司

经　　销：各地新华书店

版　　次：2024年8月第3版第8次印刷

开　　本：889×1194　1/16　印张：8.5

字　　数：250千字

书　　号：ISBN 978-7-5184-1554-0　定价：48.00元

邮购电话：010-85119873

发行电话：010-85119832　010-85119912

网　　址：http://www.chlip.com.cn

Email：club@chlip.com.cn

建筑模型是建筑方案设计的高端表现形式，当传统设计图纸不能全面反映建筑空间关系时，建筑模型就能充分体现它的优势，它能对形体结构纵深进行精确定位。现代建筑模型设计与制作不再是方案设计的附属，它已经成为一门独立的学科课程，需要同学们用更多的时间与精力来潜心钻研。

精致华美是目前的商业展示模型的追求目标，商业展示模型讲究表现效果，采用高档成品ABS板，通过精密数控机床加工，配置丰富多彩的光电设备，使学术研究性建筑模型望尘莫及。但是创意构思与空间形体仍旧是基础，材料与设备在不断改进，而创作思想却很难有所突破。因此，我们对建筑模型的认识应有所提高，要在商业竞争中抢尽先机，还得从基础开始，在头脑中建立系统的知识体系，使建筑模型作品得到质的飞跃。

建筑模型的学习过程主要为设计创意、配置材料、加工制作3个阶段。设计创意又可以分为

创意设计与图纸设计两个层次，大多数情况下是对现有建筑设计方案进行归纳，既要完整反映原创方案的空间形体，又要对细部构造做大胆概括，同时还需绘制模型制作图纸，将尺寸、比例、材料名称详尽地标注出来。模型设计图的深入程度并不亚于建筑设计图，只是受众面较窄，可以运用草图绘制软件表现。材料是建筑模型制作的媒介，选配时要根据创意构思、表现目的、投资状况作综合考虑。研究性建筑模型趋向于单色表现，对材料配置要求比较单一，而商业展示性建筑模型则要求质地丰富、效果出众。一般而言，建筑模型的材料选配比为 1 ∶ 3 ∶ 6，即普通材料占60%，中档材料占30%，高档材料占10%。在条件允许的情况下，建筑模型以中低档材料为主，适当增添成品装饰板与配景构件，甚至可以配合照明器具来渲染效果，以有限的条件去创造无限的精彩。现代建筑模型制作追求效率，必定会用到机械设备，这样既能提高制作

速度，还能提升制作品质。学习建筑模型应该创造条件，必须接触各种先进设备，了解行业发展状况。制作是建筑模型的生成途径，在学习过程中，制作工艺可以多种多样，以教材为依据作自由发挥，任何日用品、文具、设备都可能成为模型制作的有效工具，创造出无穷的变化。建筑模型的学习过程既是研究过程又是创新过程，在本书的指导基础上还要进一步开拓思维，创造新意。

本书分为六章，深入浅出地讲解了建筑模型的起源发展、设计方法、材料选配与实践操作，针对普通高等院校建筑设计专业与环境艺术设计专业所开设的建筑模型课程做了全面讲解。书中的建筑模型作品大部分由湖北工业大学师生创作完成，此外，还得到了武汉赛悦模型设计有限公司的大力支持，在此表示衷心感谢。

武昌南湖·意研堂

目 录
CONTENTS

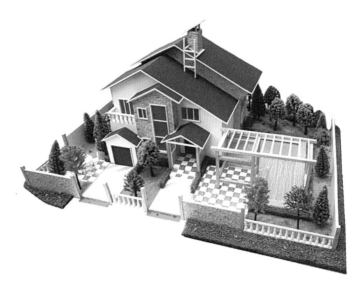

第一章
建筑模型
概述

PPT课件，请在计算机里阅读

◀ **关键词：烫样、概念模型、形体概括**

建筑模型是建筑设计与规划设计中不可缺少的表现形式，它以真实、立体的形象表现出设计方案的空间效果（图1-1）。目前，在国内外建筑设计、规划设计、环境设计与展示设计等领域都要求制作模型来表达设计思想，它已经成为一门独立的学科。本章主要介绍建筑模型的基本概念、发展历史、模型种类、学习方法等。

建筑模型作为建筑设计表现手段之一已经进入到一个全新的阶段，当今的建筑模型，绝不是简单的仿型制作，它是材料、工艺、色彩、理念的结合。建筑模型将设计图纸上的二维图像通过创意、材料组合使之形成了具有三维的立体形态，再通过对材料手工与机械工艺的深加工，使之具有转折、凹凸

图1-1　建筑模型

变化的物理形态，从而使设计对象产生惟妙惟肖的艺术效果，使设计对象更具有艺术性和生动性。

第一节　建筑模型概念　/ 重要性 ★★★☆☆

建筑模型是介于平面图纸与实际立体空间之间，将两者有机联系在一起的三维的立体模式。建筑模型有助于设计创作的深入，可以直观地体现设计意图，弥补图纸在表现上的局限性。它既是设计师设计过程的一部分，同时也属于设计的一种表现形式，被广泛应用于城市建设、房地产开发、商品房销售、环境艺术设计、工程投标与招商合作等方面。模型作为对设计理念的具体表达，成了设计师、开发商与使用者之间的交流"语言"，而这种"语言"就是在三维空间中所构成的仿真实体。对于技术先进、功能复杂、艺术造型富有变化的现代建筑，尤其需要用模型来进行设计创作。

在传统的建筑工程学中，模型是根据实物、设计图、创意思想等，按比例、生态或其他特征而制成

的缩样小品，具有展览、绘画、摄影、实验、测绘等用途，常用木材、石膏、混凝土、金属、塑料等作为加工材料。现代建筑模型已经完全超越了传统建筑设计专业的学科领域，是一种用于城市规划、建筑设计、环境艺术设计等多学科的思维形象语言。现代建筑模型品种繁多，大到建筑规划模型，小到建筑内视模型，要求设计创意更前卫，制作材料更丰富，器械设备更先进，加工工艺更复杂，既具有表达设计思想的功能，还具备较强的艺术观赏价值（图1-2、图1-3）。

现代建筑模型是使用易于加工的材料，依照建筑设计图样或设计构想，按一定比例制成的样品。建筑模型在建筑设计中主要用来表现建筑物或建筑群面貌与空间关系，是一种有效的设计手段。

建筑模型需要以建筑群体、外观形体、平面布置、立面造型、结构组织等要素为主体，严谨表现建筑构图、比例、尺度、色彩、质感与空间感，还要根据需要增添各种装饰、陈设物件，形成具有一定审美感与装饰效果的设计作品。只有经过设计者与制作者多方面考虑与处理，所形成的完美的综合性艺术空间，才具备设计研究、施工指导、展示推广等多方面使用功能（图1-4）。

建筑模型是将建筑理念付诸实践的桥梁。建筑模型制作体现了人们对于空间与建筑、平面与立体之间的感受，是设计草图的基本前提。建筑模型设计必将激发入门者以及有经验的模型制作者一种全新的、宝贵的模型制作思路。虽然这些建筑模型的选材、工艺、配饰均不同，但是都要经过反复研讨、分析推敲、不断修改来求得最佳的效果（图1-5）。

图1-2　建筑规划模型（谭松阳　等制作）

图1-3　建筑内饰模型（曾令杰　李雯琪制作）

图1-4　建筑展示模型

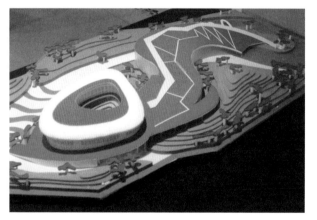

图1-5　研讨分析模型

第二节　建筑模型发展　/ 重要性 ★★☆☆☆

一、明器与法

建筑起源于人类劳动实践，用于日常生产、生活

遮风避雨，是人类抵抗自然力的第一道屏障，在大型且复杂的建筑设计中都要以模型的形式来作预先表达。

我国的建筑模型发展很早，最早的含义是指浇铸的型样（铸形），用于供奉神灵的祭品放置在墓室中。我国最早的建筑模型是汉代的"陶楼"，它作为一种"明器"随葬于地下。这种"陶楼"采用土坯烧制而成，外观与木构楼阁的造型十分相似，雕梁画栋，十分精美，但它仅仅作为祭祀随葬之用，与同期的鼎、案、炉、镜等器物并无不同之处。但是，随着时间的推移，明器逐渐成为工匠们表达设计思想的有效方法（图1-6）。

与模型相近的称谓，在我国古代称为"法"，有"制而效之"的意思（图1-7）。东汉末年，公元121年成书的《说文解字》注解"以木为法曰模，以竹为之曰范，以土为型，引申之为典型。"在营造构筑之前，首先要利用直观的模型来权衡尺度，审曲度势，虽盈尺而尽其制，这是我国史书上最早出现的模型概念。

唐代以后，仍有明器存在（图1-8），但是建筑设计与施工形成的规范，朝廷下属工部主导建设营造，掌握设计与施工的专业技术人员为"都料"，凡大型建筑工程，除了要绘制地盘图、界画以外，还要求根据图纸制作模型，著名的赵州桥就是典型案例。这种营造体制一直延续到今天。

二、烫样

清代康熙至清末，擅长建筑设计与施工的雷氏家族一直为宫廷建造服务，几代人任样式房"长班"，历时二百多年，家藏留传下来的建筑模型诸多，历史上称为"样式雷"烫样。

烫样即是建筑模型，它是由木条、纸板等最简单的材料加工而成，包括亭台楼阁、庭院山石、树木花坛、水池船坞以及室内陈设等几乎所有的建筑构件。这些不同的建筑细节按比例安排，根据设想而布局。烫样既可以自由拆卸，也能够灵活组装，它使建筑布局与空间形象一目了然，是这个建筑世家独一无二的创举（图1-9）。

烫样一方面指导具体的施工，另一方面供皇帝审查批准，待皇帝批准烫样之后，具体的施工才可以进行。今天，我们只能从这些两个多世纪前的图纸中，来想象当年皇家园林建筑的盛况。规模浩大的圆明园凝聚着雷氏家族的心血，也是我国古建筑艺术的最高峰。

从形式上来看，"样式雷"烫样有两种类型：一种是单座建筑烫样；一种是组群建筑烫样。单座建筑烫样主要表现拟盖的单座建筑情况，全面反映单座建筑的形式、色彩、材料和各类尺寸数据。组群建筑烫样多以一个院落或一个景区为单位，除表现单座建筑之外，还表现建筑组群的布局和周围的环境布置。烫样按需要一般分为五分样、一寸样、二寸样、四寸样、五寸样等多种。五分样是指烫样的实际尺寸每五分（营造尺）相当于建筑实物的一丈，即烫样与实物之间的比例为1：200；一寸样为1：100；二寸样为1：50，以此类推，根据需要作选择。

烫样、图纸、做法说明才能一起完成古建筑设计，三者各有分工侧重。烫样侧重于建筑的结构、外观、院落、小范围的组群布局，且包括彩画、装修、室内陈设，是当时建筑设计中的关键步骤。由于烫样的制作是根据建筑物的设计情况按比例制成的，并标注明确的尺寸，所以它可以作为研究古建筑重要依

图1-6 东汉明器

图1-7 东汉明器细部

图1-8 唐代明器组合

图1-9 清代"样式雷"建筑烫样

据，弥补书籍与实物资料的不足。

中国古建筑一向以其独特的内容与形式自成一体，闻名于世。中国古建筑的艺术美是不容否定的，而制作精巧、颇具匠心的烫样，就是中国古建筑艺术成就的体现，它显示了劳动人民的智慧与技艺。烫样本身亦可作为艺术品来欣赏，具有一定的艺术价值。

烫样的历史性不仅在于它是一二百年前遗存的历史文物，而且它是当时营造活动中最可靠的记录。通过研究烫样，不仅可以了解当时的建筑发展水平、工程技术状况，而且还可以从侧面了解当时的科学技术、工艺制作与文化艺术的历史面貌。

三、沙盘

沙盘在古代最早是军事将领们指挥战争的用具，它是根据地形图或实地地形，按一定比例尺用泥砂、

- 学习要点 -

烫样的制作方法

烫样是用纸张、秫秸、木料等加工制作的建筑模型。所用的纸张多为元书纸、麻呈文纸、高丽纸与东昌纸。木头则多用质地松软、较易加工的红、白松木。制作烫样除了簇刀、剪子、毛笔、蜡版等简单工具外，还有特制的小型烙铁，以便熨烫成型，因而名为"烫样"。烫样的制作分为墙体、屋顶与其他部分三大项。

1. 墙体制作

首先，将高丽纸（传统书画用纸）的一面刷上水，贴在1块备用板上，另一面涂上水胶。然后，将元书纸、麻呈文纸等也涂上水胶，逐层贴在高丽纸上，粘合起来。晾干以后就形成了1张较硬的纸板，类似现在的草纸板。这是制作墙体的基本材料板料，墙体的厚度根据需要增减。接着，依据设计所要求的形状、式样和大小进行裁剪，并在墙面上涂饰颜色或者绘制图案。最后，进行粘合，形成最终完整的墙体。对于形体较大的烫样，山墙可以改用木板制作，以增加强度。

2. 屋顶制作

中国古建筑的屋顶，是体现建筑特征的重要部位，其形式有庑殿、歇山、硬山、悬山、攒尖等数种。因此，制作屋顶的工序较墙体复杂。烫样的屋顶常采用"盔作"的方法。可以利用瓷盆作为胎模，在瓷盆的外面先贴一层刷过水的纸，然后再在上面贴数层涂满浆糊的纸或堆上纸浆，晾干后即可揭下硬壳纸盆，表面涂上颜色，就形成了"盔作"。首先，根据设计要求的屋顶形式、尺寸，用黄泥做成胎模。然后，用1层高丽纸刷上水胶，贴在胎模上。接着，用两层麻呈文纸、两层东昌纸分别涂上水胶，粘在高丽纸的上面。最后，待晾干就形成所需要的屋顶硬壳。

3. 其他构件制作

烫样的柱、檩、柁、枋、椽子等构件多用秫秸与木头制做，上面再敷饰彩绘。烫样内部装修，其制作工序与墙体的制作基本相同。烫样的内部有时还有一些室内陈设，如桌椅、床榻、几案等，制作工序与墙体、屋顶基本一致，只是工艺更为精细。烫样是我国古代表现建筑设计意图的最佳形式。■

兵棋等各种材料堆制而成的模型。在军事上，常供研究地形、敌情、作战方案、组织协调动作和实施训练时使用。

　　沙盘在我国已有悠久的历史。据《后汉书·马援列传》记载，公元32年，汉光武帝征讨陇西的隗嚣，召名将马援商讨进军战略。马援对陇西一带的地理情况很熟悉，就用米堆成一个与实地地形相似的模型，在战术上进行详细分析。

　　1811年，普鲁士国王菲特烈·威廉三世的文职军事顾问冯·莱斯维茨，用胶泥制作了一件精巧的战场模型，用颜色将道路、河流、村庄、树林都表示出来，用小瓷块代表军队与武器，陈列在波茨坦皇宫里，用来进行军事游戏。后来，莱斯维茨的儿子利用沙盘、地图表示地形地貌，以计时器表示军队与武器的配置情况，按照实战方式进行策略谋划。这种"战争博弈"就是现代沙盘的基础。19世纪末至20世纪初，沙盘主要用于军事训练，第一次世界大战后，才在建筑设计中得到运用。

　　现代建筑沙盘应用广泛，除了用于军事、政治以外，还广泛拓展到历史复原、城市规划、生产规划、休闲娱乐等领域，所制作的建筑、环境、陈设、人物极度逼真，在视觉感官上能让人获得共鸣（图1-10、图1-11）。

图1-10　博物馆复原沙盘

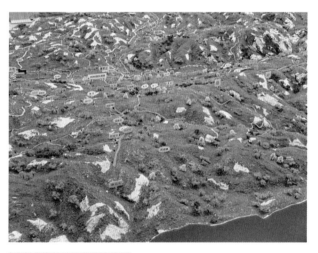

图1-11　电子地形沙盘

四、现代模型

　　最早用于建筑设计与施工的模型起源于古埃及，在金字塔的建筑过程中，工匠们将木材切割成型，通过反复演示来推断金字塔的内部承重能力，木制模型要经过多次调整、修改，每次制作出来的造型表面非常光滑，工匠们一丝不苟的态度造就了金字塔的辉煌。古罗马以后，建筑工程不断发展，模型成为建筑设计不可或缺的组成部分，工匠们通常采用石膏、石灰、陶土、木材、竹材来组建模型，并且能随意拆装，对建筑结构与承载力学的研究有着巨大推动作用，这种方式一直延续至今（图1-12、图1-13）。

　　14世纪文艺复兴以后，建筑设计提倡以人为本，建筑模型要求与真实建筑完全一致，在模型制作中注入了比例。菲力波·布鲁乃列斯基的佛罗伦萨主教堂

穹顶，在反复拼装、搭配模型后才求得正确的力学数据。17世纪，法国古典主义设计风格除了要求比例精确以外，还在其中注入"黄金分割"等几何定理，使模型的审美进一步得到了升华。18世纪以后，资产阶级权贵又将建筑模型赋予新的定义，即"收藏价值"，在建筑完工后，模型或被收藏在建筑室内醒目的位置，或被公开拍卖，这就进一步提高了建筑模型的质量要求，模型不再是指导设计与施工的媒介，而是一件艺术品，要求外观华丽，唯美逼真，社会上出现了专职制作模型的工匠与设计师。模型开始成为商品进入市场，并迅速被社会承认。

　　20世纪初，第二次工业革命完成以后，建筑模型也随着建筑本身向多样化方向发展，开始运用金属、塑料、玻璃、纺织品等材料进行加工、制作，并且安装声、光、电等媒体产品，使模型的自身价值与

定义大幅度提升，建筑模型设计与制作成为一项独立产业迅速发展。20世纪70年代以后，德国与日本开始成为世界经济的新生力量，世界建筑模型的最高水平基本定位在这两个国家，他们率先加入电子芯片来表现建筑模型的多媒体展示效果，同时，精确的数控机床与激光数码切割机也为建筑模型的制作带来了新的契机。进入21世纪以来，随着世界物质经济高速发展，建筑模型中开始增添遥控技术，通过无线电来控制声、光、电综合效果，如地产展示模型、历史场景演示模型等（图1-14、图1-15）。

未来，将会有更多制作材料运用进来，建筑模型将会朝着多元化方向发展，除了精确的切割设备与灵敏的遥感技术，还会加入各种新型材料与全新的创意思想（图1-16、图1-17）。

图1-12　石膏与白水泥制作的地形模型（赛悦模型　制作）

图1-15　历史场景演示模型

图1-13　榉木制作的概念模型（王露　制作）

图1-16　泡沫喷涂饰面（方禹　制作）

图1-14　灯光照明建筑模型（朱江　张妍制作）

图1-17　软陶泥饰面（聂晓婷　制作）

第三节　建筑模型种类 / 重要性 ★★☆☆☆

建筑模型在人类历史上发展了3000多年，经历过无数次演变，现有的模型种类繁多，可以从不同角度来作分析，不同类型的模型有不同的使用目的，分清模型类型也能帮助我们提高认识，提高制作效率。

从使用目的上来划分，可以分为：设计研究模型、展示陈列模型、工程构造模型等。

从制作材料上来划分，可以分为：纸质模型、木质模型、竹质模型、石膏模型、陶土模型、塑料模型、金属模型、复合材料模型等（见表1-1）。

从表现内容上来划分，可以分为：家具模型、住宅模型、商店模型、展示厅模型、建筑模型、园林景观模型、城市规划模型、地形地貌模型等。

从表现部位上来划分，可以分为：内视模型、外立面模型、结构模型、背景模型、局部模型等。

从制作技术上来划分，可以分为：手工制作模型、机械加工模型、计算机数码模型、光电遥控模型等。

目前，建筑模型制作都有自己的明确目的，模型的制作规格、预算投入、收效回报等方面都影响着制作目的，这种商业化运作模式决定了现代建筑模型主要还是从使用目的上来划分。

表1-1　模型对比一览

模型类别	模型所使用主材料	材料特性	材料缺点	备注
黏土模型	黏土（黄泥，主要成分都是氧化铝和二氧化硅）	具有一定的粘合性，可塑性强，可以重复使用	如果黏土中水分失去较多则容易使模型出现收缩或者龟裂等现象	使用黏土制作模型时注意选择含沙量少的，使用前要反复加工，把泥和熟，一般作为雕塑、翻模用泥使用
油泥模型	油泥（人造材料，材料主要成分有滑石粉62%、凡士林30%、工业用蜡8%）	可塑性强，黏性、韧性比黄泥（黏土模型）强，成型过程中可随意雕塑、修整。成型后不易干裂，可反复使用	价格较高	适用于制作一些小巧、异型和曲面造型较多的模型
石膏模型	石膏（单斜晶系矿物，是主要化学成分为硫酸钙的水合物）	质地细腻，成型后易于表面装饰加工的修补，易于长期保存	自重较大，干燥速度快，不宜塑形	适用于制作各种要求的模型，便于陈列展示
塑料模型	聚氯乙烯（PVC）、聚苯乙烯、ABS工程塑料、有机玻璃板材、泡沫塑料板材等	聚氯乙烯：耐热性低，可用压塑成型、吹塑成型、压铸成型等多种成型方式 ABS工程塑料：熔点低，易软化，可热压、连接多种复杂的形体 有机玻璃：适光性好、质量轻、强度高、色彩鲜艳、加工方便，成型后易于保存	需要模具成型，加工成本高	塑料是一种常用制作模型的新材料，品种很多，主要品种有五十多种
木质模型	经过二次加工后的原木材和人造板材	幅面大、变形小、表面平整光洁、无各向异性等	制作范围较小，不易造型	家具的模型常用木头制作。人造板材常有胶合板、刨花板、细木工板、中密度纤维板
金属模型	以钢铁材料应用最多	具有光泽（即对可见光强烈反射）、富有延展性	加工难度大，需要用到大量机械设备	适用于较大型建筑模型

续表

模型类别	模型所使用主材料	材料特性	材料缺点	备注
纸质模型	卡纸、皮纹纸、瓦楞纸、厚纸板、箱纸板等	卡纸：耐水性好，卡面细致光滑，坚挺耐磨 皮纹纸：色彩丰富，纹理逼真 瓦楞纸：V形瓦楞纸平面抗压力值高，节省粘合剂用量；U形瓦楞纸着胶面积大，粘接牢固，富有一定弹性 厚纸板：可独立支撑建筑模型的重量 箱纸板：质地较厚，具有一定弹性，成本低廉	卡纸：易出现斑点翘曲，变形等 皮纹纸：其中花纹纸价格较贵 瓦楞纸：经过裁切后边缘难以平整，不适合制作精致的细节部位 厚纸板：容易受潮，在模型组装时仍需增加骨架基层 箱纸板：裁切、修整后精度不高，容易受潮	卡纸：在模型制作中用于基层平面找平或粘贴外部装饰层 皮纹纸：用于建筑模型表面装饰 瓦楞纸：瓦楞纸的外形不同，形成的瓦楞纸板的性能也有一定区别 厚纸板：种类较多，其中装饰用纸板主要用于建筑模型 箱纸板：一般用于概念模型底盘或者模型的墙体夹层 一般分牛皮箱纸板、挂面箱纸板、蜂窝纸板
竹质模型	竹胶板（以毛竹材料作主要架构和填充材料，经高压成坯的建材）	制作出的模型表面光滑平整，耐潮湿，耐腐蚀，保存时间长	硬度高，不易造型	适用于制作大型建筑模型、剪力墙、大桥、高架桥、大坝、隧道地铁和梁桩等模型

一、设计研究模型

设计研究模型主要用于专业课程教学，它是设计构思的一种表现手段，模型就像手绘草图，尽可能发挥设计师的主观能动性去强化、完善〔图1-18（a）（b）（c）（d）〕。这类建筑模型不要求特别精致，只要能在设计师之间、制作人员之间、师生之间产生共鸣即可，在选用材料上不拘一格，泡沫板、纸板、立方体甚至砖块都可以作为媒介使用。制作出来的成品模型，具有实用意义的可以长期保留，对于需要变更

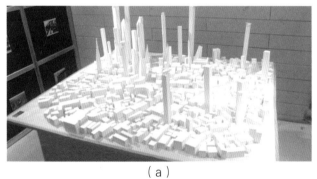

（a）

（b）

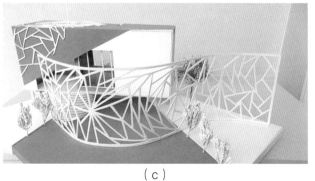

（c）

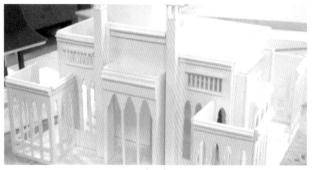

（d）

图1-18 设计研究模型

创意的可以随时拆除。然而，设计研究模型并不是草率的模型，它的本质在于领导设计，拓展思维，不能将这项工作流于形式，草草收场，在设计中一定要通过模型来激发设计者的创意，使之达到极限，最终才能获得完美的设计作品。设计研究模型又分为概念模型与修整模型两种。

1. 概念模型

概念模型比较抽象，它也许不能成为模型产品，但是可以成为设计师扩展思维的路标，甚至成为其他设计师的路标。概念模型的特点是选材比较自由，概括性强，制作快速，注重整体关系，配景象征化、抽象化。在想象某个物件或用语言表达它时，我们都能想象出那种原型，或一个简化的最初印象。这并不意味着所有人都想象得一模一样，物体形态各异是由于创造力的不同而不同，但是很多形态都能与人产生共鸣，因为它们是能识别的形状。概念模型正是为了表达这种共鸣，让所有参与设计的人来作评析，从而提高设计水平（图1-19）。

在设计领域的任何人都会有一种非常现实的态度去对待各自的想法，这种想法就是除了所有已经摆在货架上的产品外，都要尽力找到一种将自己的想法转化为商品的办法，从而能得到受人尊重的地位。而现代设计师有了更多的诗意，少了来自制作、生产、销售循环的禁锢。他们能为表达某种感情、灵感或信念去留心一种合适的解决方案。在这种情况下，概念模型就成为了一种表达不同故事、不同观点的途径。

2. 修整模型

当概念模型达到一定程度后，就需要融合更多人的意见，根据合理意见作修改、调整。针对概念模型的调整一般是指增加、减少、变换形体结构，通过这些改变能进一步激发设计师的创意，使原有的概念得到升华（图1-20）。但是不要将精力放在增加细节上，过多的细节虽然能将模型变得更漂亮，而这却不是设计研究模型的最终表现目的。

二、展示陈列模型

展示陈列模型又称为终极模型，是按照一定比例微缩真实的建筑，无论是结构上，还是在色彩上与真实的建筑完全一致，主要用于商业设计项目展示，是目前房地产、建筑设计、环境艺术设计等行业的新宠［图1-21、图1-22（a）（b）］。

展示陈列模型不仅要表现建筑的实体形态，还要统筹周边的环境氛围，所有细节都要考虑周全，运用一切能表达设计效果的材料来制作，以得到唯美的装饰效果。

图1-20 修整模型（舒俐芸 等制作）

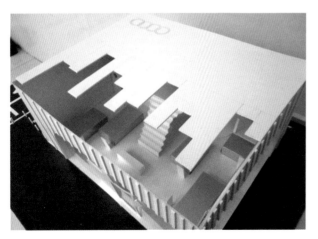

图1-19 概念模型（张腾 制作）

图1-21 房地产规划展示模型（苏娜 制作）

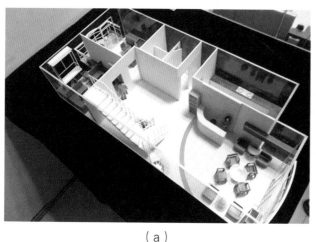
（a）

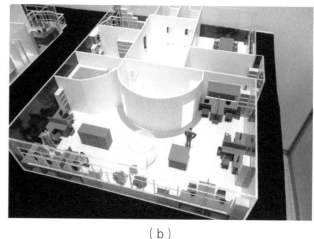
（b）

图1-22 房地产内视展示模型（何茜 等制作）

展示陈列模型在制作之前要经过系统的设计，包括平面图、顶面图、各立面图、装配大样图，图纸要求标注尺寸（模型尺寸与建筑尺寸两种）、制作材料的名称。这类模型一般由多人同时协作，因此图纸必须完整，能被全部制作人员认同。模型的制作深度要大，根据具体比例来确定。一般而言，1∶100的模型要表现到门窗框架；1∶50的模型要表现地面铺装材料的凸凹形态；1∶30的模型要表现到配饰人物的五官与树木的叶片。

展示陈列模型制作周期长、投资大，非普通个人能独立完成，一般都交给专业的建筑模型企业来完成。目前，在我国大中型城市均有规模较大的建筑模型制作企业，他们设备齐全、技术雄厚，专业承接展示陈列模型，采用机械加工，制作水平在不断提高，在提升建筑模型档次的同时，也创造了高额的经济效益。

三、工程构造模型

工程构造模型又称为解构模型或实验模型，它是针对建筑设计与施工中所出现的细致构造而定身打造的模型。通过表现工程构造，设计师可以向施工员、监理和甲方来陈述设计思想，从而指导建筑施工顺利进行。

工程构造模型的表现重点在于真实的建筑结构，而且能剖析这些内部构造，使其向外展示。工程构造模型按形式可以分为动态与静态两种。动态模型要表现出设计对象的运动，它的工程构造具有合理性与规律性，如船闸模型、地铁模型等。静态模型只是表现出各部件间的空间相互关系，使图纸上难以表达的内容趋于直观，如厂矿模型、化工管道模型、码头与道桥模型等（图1-23、图1-24）。此外，还有部分特殊模型也能明确工程施工，如光能表现模型、压力测试模型、等样模型等。

1. 光能表现模型

光能表现模型是建筑模型表现的特殊形式，用它来预测建筑夜间的照明效果，在制作中采取自然照明与人工照明的效果，为了更准确地帮助预测环境气氛，光能表现模型要有精致的细部表现、色彩及表面效果的计划。这类模型常用于建筑外部灯光强度调试，也追求华丽光影效果，主要分为自发光与投射光两种类型，在博物馆、房地产售楼部中运用最多（图1-25）。

图1-23 厂区空间模型

图1-24 桥梁灯光模型

图1-25 光能表现模型（杨虞 等制作）

图1-26 压力测试模型（赛悦模型制作）

2. 压力测试模型

压力测试模型是用来测试模型的抗压力与耐候力，针对不同模型来选用材料组件，材料的拼接工艺与搭配方式要记录下来，为后期批量制作提供参照。这类模型常用于批量制作的建筑规划模型，先制作一件具有代表性的模型构件，待测试合格后再批量制作（图1-26）。

3. 等样模型

等样模型的尺寸与建筑实体一样大，它是将设计方案直接制成实际尺寸，其中包括1∶1的建筑构件、家具构件等，表现出足尺寸空间与建筑局部。当然，只有遇复杂设计构造时才会制作局部等样模型，一般作为试验样本来研究。

现代工程构造模型也追求一定视觉审美效果，会加入更多声、光、电设备，所耗成本不亚于常规建筑模型。

－ 学习要点 －

陶土和黏土

黏土，常被写为粘土，是颗粒非常小的（<2μm）可塑的硅酸铝盐，是一种重要的矿物原料，由多种水合硅酸盐和一定量的氧化铝、碱金属氧化物和碱土金属氧化物组成，并含有石英、长石、云母及硫酸盐、硫化物、碳酸盐等杂质。黏土矿物的颗粒细小，常在胶体尺寸范围内，呈晶体或非晶体，大多数是片状，少数为管状、棒状。黏土矿物用水湿润后具有可塑性，在较小压力下可以变形并能长久保持原状，而且比表面积大，颗粒上带有负电性，因此有很好的物理吸附性和表面化学活性，具有与其他阳离子交换的能力。

黏土一般有可塑性、结合性、触变性等特性。黏土与适量的水混合后形成泥团，在外力的作用下，泥团发生变形但不开裂，外力散去后，仍能保持原有形状不变，黏土的这种性质称为可塑性；黏土的结合性是指黏土结合非塑性原料而形成良好的可塑泥团并且有一定的干燥强度的能力；黏土泥浆或可塑泥团受到振动或搅拌时，黏度会降低，而其流动性则会增加，静止后逐渐恢复原状。此外，泥浆放置一段时间后，在保持原水分不变的条件下也会出现变稠和固化的现象。黏土的这种性质称为触变性。

陶土，是指含有铁质而带黄褐色、灰白色、红紫色等色调，具有良好可塑性的黏土。矿物成分以蒙脱石、高岭土为主。陶土主要用作烧制外墙、地砖、陶器具、制作模型等。陶土资源主要分布在小横山一带，主要有这几种特性：优异的抗冻融特性、良好的抗光污染性能、良好的吸音作用、良好的透气性、透水性、良好的耐风化耐腐蚀性。其中陶器按照烧结温度分为土器、炻器、紫砂、瓷器四种，土器即常见的砖瓦，因为由黏土烧成，所以土腥味较重；炻器即紫砂制品；日用陶器即常见的缸罐，烧结温度1200～1400℃；瓷器，即指常见的碗盘瓷瓶。

第四节　建筑模型学习方法 / 重要性 ★★★★★

建筑模型设计与制作是建筑设计专业与环境艺术设计专业的必修课，通过模型制作能让我们深入了解建筑形体构造，强化创意设计思维，提高动手操作能力，为今后走上工作岗位打下坚实基础。

建筑模型设计与制作是一门边缘学科，是集建筑学、景观学、设计艺术学、材料学、力学于一体的综合学科。在学习中，要不断地拓展创造力，将构想通过材料与制作转换成现实。以下列举了五个方面来强调建筑模型的学习方法。

一、培养概括能力

模型是对实物对象的微缩，在原则上，应该完全表现实体建筑的尺寸、材料、细部结构等要素，然而限于制作者在时间、精力、水平能力、制作条件、资金投入等方面上均存在差异，无法1:1对照表现建筑原貌，因此，就必须作取舍，即对原有建筑形体进行概括。

例如，现实建筑外部地面都镶贴有砖石，按1:100比例制成建筑模型，砖石的装饰效果要缩至1～3mm，而我们却无法获取大量边长为1～3mm的小块贴片贴在地面上，于是就只能通过概括手法来处理，采用印刷有砖石纹理的纸板粘贴在地面，从而起到装饰效果（图1-27）。按同样的概括思维，可以将废弃的暖水瓶内胆玻璃片粘贴在模型底板上，用来模拟波光粼粼的水面（图1-28）。这类处理手法可以广泛用于各种建筑模型的地面、顶棚、门窗等形体上，高度的概括能让建筑模型制作达到事半功倍的效果。

二、精确计算比例

模型的真实性来源于正确的比例，这是建筑模型反映实体建筑的重要依据之一，同时也是模型区别于工艺品、玩具的主要特征。要对建筑模型作精确计算，前提是绘制详细的设计图，将模型尺寸与建筑尺

图1-27　模拟砖石地面的纸板（陈昭义　制作）

图1-28　模拟湖面的玻璃片（曹宁　制作）

寸同步标注在图纸上，在制作时就一目了然了，通过两组数字之间不断比较，加深制作人员对模型尺度的印象，即使少数细部尺寸没有标注，也能通过比较得出相应的数据。

在实际操作中，还会遇到更广泛的比例问题，例如，原计划将模型定为1:40，在制作过程中，却发现家具、树木、车辆等配件都没有1:40的成品件，这就需要采用各种材料来制作，并且要时刻以1:40的模型原样为基础，不能随意缩放。这样制作出来的模型产品才具有指导意义与商业价值（图1-29）。

建筑模型的制作原则

1. 灵活把握原则

建筑构架部分是根据建筑图纸搭建的，由手工或电脑雕刻机将各立面的墙体做好然后拼接而成。色彩及质感选用是关键的环节，有时模型的立面色彩看起来与最初构想有区别，但是安装模型的阳台、门窗后就会好多了。将模型放到底盘上，采用绿色植物搭配更是相得益彰，这些就是模型制作艺术中的提亮与弱化等艺术手法。此外，不能按计算机效果图来照本宣科，效果图的色彩是连续的光影关系，被选中的部分仅在效果图中是合理的。而模型与效果图中的着色肌理完全不同，光的反射原理也不同。

2. 写意原则

对于环境景观部分，树种的表现主要是写意，花草的颜色主要侧重表现美感。实际园林中可能盛开的花朵，色彩对比强烈，有红、黄、绿、蓝等多种颜色，但在模型中真实地表现出来就会显得很杂乱，反而不美观。因此，实景与模型的像与非像问题，本身就是一种矛盾，像到极致则不像，似像非像则正像，其核心是应抓住"神"，确切地表现出环境绿化的风格和特点是目的。

3. 主次分层原则

灯光的配备要根据景物的特点来进行。住宅区建筑、水景灯光尽量用暖色，常绿树的背景则用冷光源，路灯与庭园灯应整齐划一。色彩尽量丰富以烘托整体环境气氛。需要强调的是，度的把握很重要，切忌到处都通亮，导致周边场景喧宾夺主。

4. 收口衬托原则

收口即边缘修整，如边框、底台、玻璃罩等的包装部分。案名、比例尺、标牌等的收口一定要得体，而边框、底台、玻璃罩等并无定式，关键看模型的规模大小、楼层高度、色彩及绿化风格、场地等因素来制定，以和谐、美观、大方为宜。

图1-29 按比例制作模型配件（仇梦蝶 制作）

三、熟悉材料特征

建筑模型与建筑实体一样，都以材料为物质基础，是经过施工、操作构建起来的，建筑物上的砖墙、门窗转换到模型中，可以采用纸板、PVC边条来制作。建筑模型的制作重点就在于合理运用材料，需要制作人员广泛了解模型的材料特性，并且能将同一种材料熟练地运用于不同的部位。例如可用PVC压纹水波板来模拟波光粼粼的水面效果（图1-30）。

材料的特性不同，加工手法也不同，一定要以材料的性能为主，作不同处理。例如，1.2mm厚彩印纸板常用于模型外墙，使用裁纸刀开设门窗时，纸板会因为裁切而产生内应力，向刀口划痕面弯曲，这样纸板的外表就不平直了。在裁切过程中，应该从纸板的正反两面同时裁切，保持纸板的内应力均衡施展。这些都需要在模型制作中不断学习、不断总结，掌握了各种材料的特征，才能将模型完美地控制在自己手中。

图1-30 PVC压纹水波板制作的水面（曾岳雯 等制作）

四、创新制作手法

传统的建筑模型全都由手工完成，根据不同材料运用裁纸刀、剪刀、三角尺、圆规等工具制作。随着工作效率提高，现在需要更快捷、更简单的方法来制作建筑模型。

例如，要根据建筑结构制作透明屋顶，一般会用到透明胶片，传统的制作工艺是根据结构形体将透明胶片裁切成小块，再逐一将其粘贴至屋顶上，这样操作起来相当复杂。经过缜密思考后，可以将透明胶片覆盖在模型构造上，用电吹风机对透明胶片进行加热，受热软化的胶片会很自然的呈现出屋顶的起伏结构，最后根据成型尺寸裁切边缘即得出比较完美的透明屋顶了（图1-31）。

建筑模型的制作手法要因环境而异，要因个人能力而异，环视周边一切可能利用的物品，将它们的作用发挥至极限，这需要敏锐的思考，作不断创新，才能得到完美的效果。

五、严谨制作工艺

建筑模型是通过繁琐的制作工艺来完成的艺术品，在模型材料的基础上作细致定位、裁切、粘接、组装等一系列工序。在创作过程中，操作人员要静心思考，对任何一道工序都要作反复比较，从比较中得出最妥善的解决方法。

例如，在模型制作中，经常要对各种板材作钻孔处理，尤其是坚硬的塑料、纸质材料，稍不留神就会扩展

圆孔直径或造成材料劈裂，影响最终观赏效果。这时，可以采用打火机对小型螺丝刀刀头加热，红热的刀头能轻松钻入各种塑料板、硬纸板中，开孔直径根据选用的螺丝刀型号来确定，制作时应当细致、严谨，避免钻孔的位置发生偏移。对于较大孔，还可以利用钢笔帽、不锈钢管、金属瓶盖、子弹壳等成品器物来配合制作。这一系列操作的前提仍然是严谨（图1-32）。

总之，严谨的操作并不影响制作时间，反而会因工作效率提高而节省时间，娴熟的制作技艺也是从严谨操作中磨炼出来的。

图1-31　电吹风加热透明胶片（曹宁　制作）

图1-32　螺丝刀加热钻孔（杨晓琳　制作）

第五节　建筑模型考察 / 重要性 ★★★★☆

学习建筑模型首先要了解模型，经过考察、观摩后才有独立设计的依据。随着我国经济水平不断提高，房地产行业突飞猛进，在城市里，我们随处能见到商品房营销中心里的建筑模型，宏伟的气势、精致

的细节无不打动购房者的消费心理。此外，在博物馆（图1-33）、大中型企事业单位展厅、公共娱乐场所、模型设计公司等场所，我们都能见到新颖别致的建筑模型，从中能领略到该行业的独特魅力。

图1-33 公共娱乐场所建筑模型（李廷廷 制作）

一、考察内容

考察不等于参观，通过考察要从中学习建筑模型的制作方法。从学习、观摩的角度上来看，考察建筑模型可以分为三个层面。

1. 规划布局

建筑模型设计合理，布局自然，建筑与建筑之间保留适当间距。绿化植物环绕周边，呈次序状排列。道路清晰明确，以最短的行程满足最大的出行需求，主、次道路与单、双行线逻辑关系正确。建筑配套设施完善，分布均匀，能满足主体建筑的使用要求（图1-34）。

2. 细部构造

建筑模型的转角严实，接缝紧密，门窗构造要根据比例制作到位。室内模型要求能表现出踢脚线、家具、家电、陈设品等细节。建筑外观模型要求能表现出门窗边框、屋顶瓦片、道路边坎、绿化植被等细节。建筑规划模型要求外墙平直，表面光滑，主要配

景形态统一。

3. 科技含量

概念研究模型要求能随意拼装、拆分，安装简单的照明设施来装点效果（图1-35）。商业展示模型除了安装灯光以外，最好能配置背景音乐与机械传动装置，采用无线遥感技术控制。未来建筑模型还能利用环保材料与再生材料，在保证质量的同时，降低制作成本。

二、建筑模型企业运营

建筑模型企业是指专业从事建筑模型设计、制作、组装、维修一条龙服务的盈利性单位，随着我国建筑设计、环境艺术设计行业的发展，国家与社会对建筑模型的需求量增大，不仅需要优质、精美的模型产品，还对模型的制作速度有更高要求。建筑模型企业是顺应时代发展的产物，具有广阔市场。目前，在我国大中型城市中，都有规模较大的建筑模型企业（图1-36），营业生产面积达2000m²以上，各种技术人员达50人以上，并与当地建筑设计院、高等设计院校保持长期合作关系，主要承接房地产企业的楼盘建筑模型与建筑设计院的方案模型，同时也制作博物馆复原模型、区域规划模型、工业模型、高校教学研究模型等。

考察建筑模型企业能有助于促进初学者对建筑模型的认识，熟悉当今建筑模型的发展状况，了解最真实、最高端的模型产品，从而提升学习兴趣，明确模型的设计制作目标。虽然自己动手制作，受各种条件限制，但是建筑模型企业也有徒手操作内容，比较两

图1-34 建筑规划模型

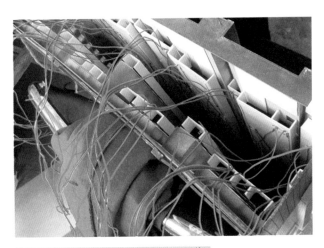

图1-35 室内模型（赛悦模型 制作）

者的差异，就能激发制作欲望。

建筑模型企业的经营范围广泛，制作工艺多样，人员配置齐全。中大型建筑模型企业一般包括设计部、基础部、雕刻部、组装部、电工部、维修部、业务部等分支部门。

设计部主要将模型需求单位（甲方）提供的建筑设计图纸转化为模型雕刻图，转化方法为重新抄绘，或在现有AutoCAD的DWG格式图纸上修改，同时还会对建筑模型的组装、外饰、电路进行重新设计，以满足其他部门的制作需要。当模型图纸绘制完毕后就交给基础部与雕刻部，基础部主要制作模型底盘、支架、展台等构造，基础构造多采用木龙骨、木芯板、型钢制作，外表采用铝塑板、不锈钢板铺贴，或喷涂油漆。部分内视模型还需采用有机玻璃板或钢化玻璃制作外罩。此外，基础部还从事道路、树木等配饰的批量加工，为后期组装打好基础（图1-37、图1-38）。雕刻部采用各种雕刻机制作模型的墙板、

楼板等主要构件，尤其是针对门窗较多的高层建筑，雕刻机能在短时间内完成，大幅度提高制作效率（图1-39、图1-40）。雕刻完毕的模型构件交给组装部，这里主要由技术员徒手操作，使用各种胶粘剂、焊枪将雕刻板件组装起来，此阶段的制作时间最漫长，要求技术员具有很好的耐心（图1-41、图1-42）。在组装的同时，电工部也会介入布置线路，并安装发光灯具、电动设备，通常模型底盘与模型构件上的电路安装会同步进行。当建筑模型全部制作完毕后，就会交给维修部与业务部负责人运送到需求单位（甲方）指定地点，并作调试。大型建筑模型的售后维修期一般为1年，但人为损坏不在维修范围内。业务部常年与各模型需求单位（甲方）保持联系，如果模型品质与价格比较适中，大多数模型需求单位（甲方）都会长期固定与建筑模型企业合作。

1件底盘规格为1800mm×2000mm的单幢高层建筑模型，从承接到交付一般只需10天左右，如果

图1-36　建筑模型企业车间

图1-37　树木批量制作（赛悦模型　制作）

图1-38　模型底板制作（赛悦模型　制作）

图1-39　机械雕刻

图1-40　雕刻板件（赛悦模型　制作）

图1-42　建筑模型组装完成（赛悦模型　制作）

作材料费约为2000元，人工费约为3000元，企业的综合经营成本约为3000元（厂房租赁、设备损耗、水电费、售后服务、管理等），企业综合利润为6000~8000元左右，这样即可得出这件建筑模型的报价为15000元左右，部分高效的品牌企业可能会达到20000元。

由此可见，建筑模型的材料成本并不高，虽然采用雕刻机、切割机加工，但是主要技术工艺还是集中在人工装配上，消耗较多时间。中大型企业的运营成本很高，大型厂房、设备都需要资金来维持。此外，单一从事建筑模型组装的技术员入行门槛较低，为了规避人员流动带来的风险，企业还会投入资金提高员工的福利待遇。这样，企业的综合经营成本与利润就占据较大比重，换之而来的是优质的产品与高效的服务。

目前，也有一些小型建筑模型企业，对模型产品的定价较低，除了采用廉价材料外，关键在于降低人工成本，聘用非专业人员从事组装，造成模型品质低下。综合看来，这类企业在建筑模型行业中无太大竞争优势，毕竟依靠建筑模型企业来获得模型产品的多为房地产企业与建筑设计院，他们更多关注的是品质而不是价格。

图1-41　建筑模型组装（赛悦模型　制作）

业务不太繁忙，周期还会缩短。中大型建筑模型企业正是通过这种高效率来占据市场。

三、建筑模型价格分析

建筑模型价格一般根据模型的复杂程度、材料选用、技术要求、交付时间来确定，建筑模型企业承接业务时一般不会立即给出报价，当设计部分析图纸后并与业务部协商才会报价。

这里还是以一件底盘规格为1800mm×2000mm的单幢高层建筑模型为例，外墙板采用2mm厚ABS板雕刻组装，其间采用1mm厚透明PC耐力板制作门窗玻璃，安装LED发光二极管照明电路。底盘包括高800mm的展示台柜，全部采用木龙骨、木芯板制作，外贴4mm厚铝塑板。底盘上铺装草坪纸并安装各种绿化树木、路灯、景观，配置少许车辆、行人。全部制

思考练习

1. 熟识建筑模型的基本概念。
2. 了解烫样的主要制作工艺。
3. 制订建筑模型设计与制作的学习计划。
4. 考察建筑模型企业或商业展示模型。
5. 了解建筑模型的种类及其制作原则。

第二章

建筑模型设计

PPT课件，请在计算机里阅读

◄ 关键词：空间创意、设计图、比例尺

　　建筑模型制作前需要进行详细设计，主要包括建筑设计与模型设计两个层面。前者是对建筑形体、结构、风格、环境等要素的创意构思，是形体结构从无到有的创造过程，需要设计师多方考虑，并征求甲方单位、业主的意见后进行修改。后者是对模型的设计，在已经确定的建筑方案设计基础之上，对尺寸、比例、材料、工艺重新定制，为模型制作提供全面参照。建筑设计是模型设计的重要依据，而模型设计是建筑设计的微观表现（图2-1）。

　　一般来说，完成一项工程都是从理论到实际，想要学会制作建筑模型就先要了解建筑模型制作基础，深入了解其制作过程及制作时需要注意的事项，在经过实地考察之后，对地形进行分类并了解各类基本元素。运用相关的设计软件绘制出设计图，按

图2-1　建筑模型设计

照比例设计出建筑雏形，包括建筑本身以及周边配景。实际制作模型时再对模型的色彩、材质、光照等加以加工，使模型更具有设计性、生动性。

第一节　设计步骤 / 重要性 ★★★★☆

　　初学建筑模型可以参照现有的建筑实体，经考察、测量后，将获取的数据重新整合，绘制成图纸再运用到模型设计中，高端商业模型则直接对照建筑设计方案图进行加工，两者的依据虽然不同，但是对建筑模型设计的要求与目的却基本一致。

一、分析设计要求

　　设计要求一般来自建筑模型的管理者与使用者，他们会根据建筑模型的具体应用提出设计要求。在学习研究过程中，要求来自老师，他们会根据教学大纲与行业发展状况来设定学习目的，引导模型设计与制作，使模型制作者能深入领悟专业知识。在商业展示应用中，设计要求来自地产商、投资业主，他们会根据多年积累下来的业务经验与市场状况设定要求，一般追求真实、华丽的展示效果，希望提高制作效率，如期交付使用。

　　分析设计要求首先要注意倾听对方的言语，不宜随时打断，在交谈中作简单记录，待总结完毕后再针对疑惑提问，并对解答进行记录。能被记录下来的设计要求一般分为以下三点。

1. 功能

　　建筑模型的展示场所、参观对象、使用时间、特技要求等。尤其要询问是否加入灯光、动力、水景、多媒体等特殊设备，这些元素需要经过特殊设计才能与建筑模型相融合。

2. 形式

　　建筑模型的设计风格、图纸文件、缩放比例等。

尤其要获得建筑原始设计图纸，最好是DWG格式施工图，并确定模型的制作比例。

3. 技术

建筑模型的投资金额、指定用材、完成期限、安装与拆除的方式等。尤其要询问投资金额，或根据以往案例价格给出初步报价，当价格协商妥当后才能进行设计制作。

将上述问题记录下来认真分析，迅速向对方提出自己的设计观念，沟通达成一致后即可实施。在商业建筑模型中，设计要求会作为合同条款来签订，这对双方是很好的约束，其中价格是重点，它直接影响到模型质量与商业利润。

图2-2 建筑模型草图绘制（蒋林 绘制）

二、图纸绘制

建筑模型设计图纸必须详细，其内容的完善程度并不亚于建筑设计方案图，主要包括创意草图和施工图两部分。

1. 创意草图

草图是设计创作的灵魂，任何设计师都要依靠草图来激发创作灵感。自主创意的建筑模型必须绘制详细的创意草图，在线条与笔画中不断演进变化。草图可以很随意，但不代表胡乱涂画，每次落笔都要对创意设计起到实质性作用（图2-2）。

草图的表现形式因人而异，最初可以使用绘图铅笔或速写钢笔初作构思，不断增加设计元素，减少繁琐构造，所取得的每一次进展都要重新抄绘一边，抄绘是确立形体的重要步骤，在抄绘过程中可以不断完善创意细节。确定形体后可以使用硫酸纸拷贝1遍，并涂上简单的光影或色彩关系，使之能用于设计师之间交流（图2-3）。待修改后可以采用计算机草图绘制软件来完善，并逐步加入尺寸、比例、材料标注。

2. 施工图

建筑模型施工图主要用来指导模型的加工制作，在创意草图的基础上加以细化，主要明确模型各部位的尺寸、比例，图面上还须标注使用材料与拼装工艺，相对于建筑设计方案图而言，内容与深度也并不简单。只不过它是模型，给制作者带来的心理压力要

图2-3 草图光影与色彩（赵媛 绘制）

小些。建筑模型施工图一般包括整体平面图、主要立面图、电路设备示意图等内容。

传统的施工图是采用绘图工具手工绘制，消耗大量的时间，AutoCAD软件的出现使制图效率大幅度提高（图2-4），并逐渐取代了传统制图，AutoCAD的另一大优势是可以将绘制出来的矢量图转换到数控机床中进行切割，生产出建筑模型的拼装板块，这又进一步提高了模型的制作效率，在质量上也得到了提升。

施工图是建筑模型制作的重要依据，要求在绘制过程中精确定位，严谨制图，保证建筑模型的最终效果。在习作模型设计中，施工图需要单独绘制，在商业展示模型设计中，施工图可以直接在建筑设计方案图的基础上中简化或转换。

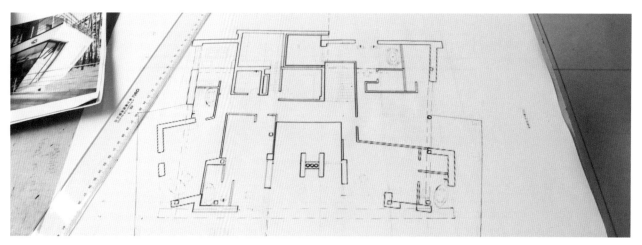

图2-4 AutoCAD施工图

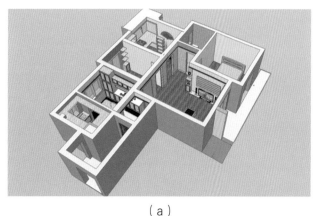

（a）　　　　　　　　　　　　　　（b）

图2-5 Sketch Up建筑草图（周娴 绘制）

- 学习要点 -

Sketch Up草图绘制软件

　　Sketch Up草图绘制软件是当今比较流行的建筑设计绘图软件，它主要针对建筑初步设计，能快速建立虚拟三维模型，该软件界面简洁，易学易用，命令极少。完全不同于其他各类设计软件，操作比较简单，甚至不必懂得英语即可顺利掌握。

　　Sketch Up使设计师可以直接在电脑上进行直观的构思，随着构思不断清晰，细节不断增加，最终形成的模型可以直接交给其他具备高级渲染能力的软件作最终渲染。这样，设计师可以最大限度地控制设计成果的准确性［图2-5（a）（b）］。Sketch Up直接针对建筑设计和室内设计，设计过程中的任何阶段都可以作为直观的三维成品，甚至可以模拟手绘草图的效果，完全解决了及时与甲方交流的问题。形成的模型为多边形建模类型，但是极为简洁，全部是单面。在软件中可以为表面赋予材质、贴图，并且有2D、3D配景（可单独制作）。形成的图面效果类似于钢笔淡彩，使得设计过程的交流完全可行。它能方便地生成任何方向的剖面并可以形成可供演示的剖面动画。它能设定建筑所在的城市、时间，并可以实时分析阴影，形成阴影的演示动画。

　　在建筑模型设计中，Sketch Up可以用于表现最终草图，甚至用来绘制模型施工图，它所提供的表现效果和尺寸比例完全能满足建筑模型的设计需求。■

三、材料搭配

建筑模型的制作材料非常丰富，要根据设计要求与投资状况综合考虑。在没有特殊要求的情况下，一般可作1∶3∶6划分，即将全部模型材料按数量、种类平分为10份，10%的高档材料用于点缀局部细节，如建筑门窗、路灯围栏、人物车辆等成品物件；30%的中档材料用于表现模型主立面外观，如装饰墙板、屋顶、台阶、草地、树木等半成品物件；60%的普通材料用于模型内部构造与连接材料，如墙体框架（图2-6）、地基板材、胶水、油漆颜料等。

在经济条件允许的情况下，可以适度采用成品件或半成品件，这样可以大幅度提高工作效率，但是不要过分依赖成品件，它们受制于设计风格与缩放比例，并不是所有风格的沙发与所有比例的车辆都能买到。在概念模型中，大多数配饰品仍然需要独立制作。如果建筑模型的投资成本有限，也可以扬长避短，收集废旧板材用于基层制作，表面材料可以灵活选配。例如，砖块纹理墙板可以使用不干胶贴纸替代，植绒草皮纸可以使用染成绿色的锯末替代，纸板之间的粘贴可以使用双面胶或白乳胶，而不一定全部使用模型胶。

建筑模型最终还是由材料拼装而成的，尤其是商业展示模型，材料的种类一定要丰富，不能局限于KT板、纸板、贴纸、胶水几种万能原料，在必要时可以增加几种不同肌理质感的ABS板与PC透明板（图2-7）。不同材料相互穿插搭配，才能达到丰富、华丽的装饰效果。

四、加工制作

在建筑模型设计中就要考虑加工制作的可行性，应该反复评估制作中可能出现的问题，并提出一些解决方法。建筑模型制作要求精致、严谨，裁切材料时精度要高，拼装组合时紧密严实，目前主要分为以下三种制作形式。

1. 手工制作

手工制作是建筑模型基础制作方法，极力发挥设计者的创意，运用多种材料综合加工（图2-8）。手

工制作的工具比较简单，主要集中在裁纸刀、剪刀、胶水、三角尺等基础工具上，凭借着剪切、粘贴、固定、涂装等工艺，能满足大多数条件下的制作要求

图2-6　建筑模型墙体材料（范云祥　制作）

图2-7　ABS板与PC透明板搭配制作（赛悦模型　制作）

图2-8　手工制作

（图2-8）。手工制作的模型形式多样，然而精确度不高，制作手法因人而异，面对大型商业展示模型往往显得力不从心。

2. 机械加工

机械加工是采用切割、整形机械对特定模型材料作加工，模型精度大幅度提高，工作效率突飞猛进。机械加工要求专用操作房间，各种板材经机械加工后，边角余料基本失去了再利用的价值，制作成本较高。此外，机械加工只限定采用与机械工具相搭配的特殊板材，造成模型形式单一，如果要添加装饰，还得通过手工制作来弥补（图2-9）。

3. CAM装配

CAM又称为计算机辅助制造（Computer Aided Manufacturing），它的核心是计算机数值控制（简称数控），是将计算机应用于制造生产过程的系统。数控的特征是由编码在穿孔纸带上的程序指令来控制机床。机床能从刀库中自动选择刀具并自动转换工作位置，能连续完成铣、钻、铰、攻丝等多道工序，这些都是通过程序指令控制运作的，只要改变程序指令就可以改变加工过程（图2-10、图2-11）。

目前，在建筑模型制作领域正开始推广CAM制造，首先通过计算机绘制线形图，绘制的同时并指定尺寸，将图形框架传输给数控雕刻机或裁切机，让其自动切割出模型板件，最后将板件进行简单装配即可。高档智能CAM还能自动装配，最终提供出模型成品。CAM与普通机械加工不同，它采用全电脑控

图2-9　机械加工

图2-10　CAM雕刻机

图2-11　CAM雕刻成型板材（赛悦模型　制作）

制，在雕刻与裁切过程中，制作者不必接触板材与刀具，大幅度提高了安全性与准确性。

五、拍摄存档

建筑模型制作完毕后，需要对作品拍摄存档，便于日后总结经验或推广。

拍摄相机尽量选用近距模式，采用三脚架固定，必要时可以为建筑模型布置照明灯、反光板、柔光罩等设备，保证拍摄效果。

建筑模型的拍摄角度尽可能多样，鸟瞰（图2-12）、远景、近景（图2-13）、特写应该一应俱全，大型商业展示模型还可以利用摄像机作动态环绕记录。数码影像作品要传输至计算机作后期优化处理，最后打印成册或刻录光盘永久保存。

图2-12 鸟瞰拍摄（陶称心 陈依涟制作）

图2-13 近景拍摄（陶称心 陈依涟制作）

第二节 空间创意 / 重要性 ★★★☆☆

一、内部空间

建筑空间有内、外之分，但是在特定条件下，室内、外空间的界线似乎不太明确。内部空间是建筑设计者为了某种目的或功能，而用一定的物质材料与技术手段从自然空间中围隔出来的。它与人的关系最密切，对人的影响也最大。它应当在满足功能要求的前提下具有美的形式感，以满足人们的精神感受与审美需求。建筑模型的体现大多来源于墙体的围合，这样能更直观地区分空间内、外（图2-14）。

图2-14 墙体围合空间（路倩 等制作）

对于公共活动空间而言，过小或过低的空间将会使人感到局促或压抑，这样的尺度感也会有损于它的公共使用功能。因此，公共活动空间一般应具有较大的面积与高度，只要实事求是地按照功能要求来确定空间的大小、尺寸，一般都可以获得与功能性质相适应的尺度感。

最常见的室内空间一般呈矩形平面的长方体，空间长、宽、高的比例不同，形状也可以有多种多样的变化。不同形状的空间不仅会使人产生不同的感受，甚至还会影响到人的情绪。

完全封闭的房间会使人产生封闭、阻塞、沉闷的感觉；相反，若四面临空或揭开顶棚，则会使人感到开敞、明快、通透（图2-15）。由此可见，模型空间是围还是透，将会影响到人们的精神感受与情绪。

在建筑空间中，围与透是相辅相成的。只围不透的空间诚然会使人感到闭塞，只透而不围的空间尽管开敞，但处在这样的空间中犹如置身室外，这也是违反建筑设计初衷的。因而对于大多数建筑而言，总是将围与透这两种互相对立的因素统一起来考虑，使之既有围，又有透，该围的围，该透的透。在建筑模型设计中，要预先保留门窗等开放构造，处理好"透"的面积，并考虑在后期制作时还要为这些空间做哪些细部处理。

空间是由面围合而成的，一般的建筑空间多呈六面体，这六面体分别由顶面、地面、墙面组成，处理好这三种要素，不仅可以赋予空间的特性，而且还有助于加强它的完整性。顶面与地面是形成空间的两个水平面，顶面是顶界面，地面是底界面。建筑模型的地面的处理比较复杂，需要制作台阶，赋予地面不同材料。顶面的处理相对简单，然而顶面与结构的关系比较密切，在处理顶面时不能不考虑到对结构形式的影响。因此，用于表现内部空间的建筑模型一般不做顶面，甚至墙面都可以使用透明有机玻璃板来代替，只在地面上要布置家具、陈设等物件（图2-16）。

二、外部空间

建筑模型的外部体形是内部空间的反映，而内部空间，包括它的形式与组合情况，又必须符合于建筑功能，建筑体形不仅是内部空间的反映，而且它还要间接地反映出建筑功能的特点。正是千差万别的功能才赋予建筑体形以千变万化的形式。一幢建筑物，不论它的体形怎样复杂，都是由一些基本的几何形体组合而成的。只有在功能与结构合理的基础上，使这些要素能够巧妙地结合成为一个有机的整体，才能具有统一的效果（图2-17）。

传统的建筑审美理论十分重视主、从关系的处理，并认为一个完整统一的整体，首先意味着组成整体的要素必须主从分明，而不能平均对待，各自为政。传统的建筑，特别是在形体比较端庄的建筑模型中体现得最明显，中央部分较两翼部分要凸出很多（图2-18），只要能够善于利用建筑物的功能特点，以这种方法来突显中央部分，就可以使它成为整个建筑的主体与重心，并使两翼部分处于它的控制之下而从属于凸出的主体。这类突显主体的方法很多，在对称形式的建筑模型中，一般都是使中央部分具有较大或较高的体量，少数建筑模型还可以借助特殊形状来

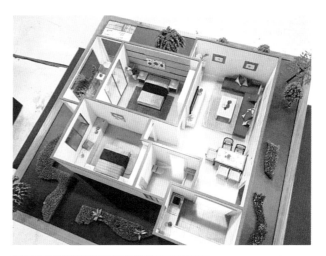

图2-15　揭开顶棚（高梓铭　等制作）

图2-16　透明隔墙的内视模型（吴琦　张紫薇制作）

图2-17　建筑模型的外部空间组合（周芷媛　制作）

达到削弱两翼，或加强中央构造的目的。

墙面处理不能孤立进行，它必然要受到内部房间划分、层高变化以及梁、柱、板等结构体系的制约。组织墙面时必须充分利用这些内在要素的规律性，而使之既美观又能反映内部空间与结构的特点（图2-19）。

任何类型的建筑，为了求得重力分布的均匀与构

件的整齐划一，使承重结构柱网或承重墙沿纵、横两个方向作等距离或有规律地布置，这将为墙面处理，特别是获得韵律感创造了十分有利的条件。

对建筑模型进行墙面处理，最简单的方法就是完全均匀地排列窗洞（图2-20）。有相当多的建筑由于开间、层高都有一定模数，由此而形成的结构网格是整齐一律的。为了正确反映这种关系，窗洞也只好整齐均匀地排列。虽然这种墙面常流于单调，但如果处理得当效果也不错。例如，将窗与墙面上的其他要素（墙垛、竖向分割线、槛墙、窗台线等）有机地结合在一起，并交织成各种形式的图案，同样也可以获得良好的效果。有些建筑虽然开间一律，但为适应不同的功能要求，层高却不尽相同，利用这一特点，可以采用大、小窗相结合，并使一个大窗与若干小窗相对应的处理方法。这不仅能反映出内部空间与结构的特点，而且还具有优美的韵律感（图2-21）。

建筑模型设计中构造最简单的是建筑外墙，只要根据各立面设定好尺寸，就可以按部就班地裁切、组装。但是最复杂的也是外墙，过于简单的墙体装饰无法打动观众的审美情趣，需要将简单的围合墙体根据设计要求复杂化，如局部凸凹、变换材质、增加细节、精致转角等处理手法，这些都需要在空间设计中明确。

三、空间组合

任何建筑，只有当它与环境融合在一起，并与周围的建筑共同组合成为一个统一的有机整体时，才能充分显示出它的价值与表现力。如果脱离了环境而孤立存在，即使本身尽善尽美，也不可避免地会因为失去了烘托而大为减色。要想使建筑与环境有机地融合在一起，必须从各个方面来考虑他们之间的相互影响与联系。

外部空间具有两种典型的形式，一种是以空间包

图2-18 中间凸出的空间造型（熊怡 等制作）

图2-19 复杂的墙面处理（张婷婷 等制作）

图2-20 均衡排列窗洞（陈欢 等制作）

图2-21 大窗与小窗组合

- 学习要点 -

调整建筑模型中的"习惯空间"

不同大小的空间，往往使人产生不同的感受，必须将功能使用要求与精神感受要求统一起来考虑，使之既适用，又能按照一定的艺术意图给人某种感受。在一般情况下，室内空间的体量大小主要根据房间的功能来确定的，但是某些特殊类型建筑，如纪念堂、剧院、大型公共建筑等，为了造成宏伟、博大或神秘的气氛，室内空间的体量往往可以超出功能使用要求。在模型设计时，首先要明确该空间的用途，根据功能来设定空间大小。

初学模型设计，容易让人产生"习惯空间"，即随意制作出适合自己心理、能力、感觉等个人习惯的空间体量来，这种"习惯空间"往往出现在同一个模型制作者身上。例如，原本计划设计一座两层住宅与一座30层商务楼，但是完成后发现，两座建筑模型体量感觉却差不多，如果仔细观察，不难发现两座建筑外观的门窗形态也区别不大。因此，在进入模型设计之前，就应该对个人的"习惯空间"进行重新调整，一切从实际出发，久之则能培养出正确的空间感。■

围建筑物，这种形式的外部空间称之为开敞式的外部空间（图2-22）；另一种是以建筑实体围合而形成的空间，这种空间具有较明确的形状与范围，称之为封闭形式的外部空间（图2-23）。但在实践中，外部空间与建筑体形的关系却并不限于以上两种形式，而要复杂得多，还有各种介于其间的半开敞或半封闭的空间形式。

空间的封闭程度取决于它的界定情况，一般而言，四周围合的空间封闭性最强，三面的次之，两面的更次之。当只剩下一幢孤立的建筑时，空间的封闭性就完全消失了。这时将发生一种转化，由建筑围合空间而转化为空间包围建筑。其次，同是四面围合的空间，由于围合的条件不同而分别具有不同程度的封闭

感；围合的界面越近、越高、越密实，其封闭感就越强；围合的界面越远、越低、越稀疏，其封闭感则越弱。将若干个外部空间组合成为一个空间群，如果处理得宜，利用它们之间的分割与联系，既可以借对比来求得变化，又可以借渗透而增强空间的层次感。此外，将众多的外部空间按一定程度连接在一起，还可以形成统一完整的空间序列，形成次序美（图2-24）。

建筑模型中不同空间的组合能弥补单一形体的枯燥，由于大多数建筑模型普遍比实际结构小很多，将不同形体相互穿插，营造出多重转角、走道、露台等，可以进一步丰富模型作品。主体建筑与周边环境也要协调一致，道路、绿化、附属建筑甚至可以穿插到主体空间中，并与之有机地结合起来（图2-25）。

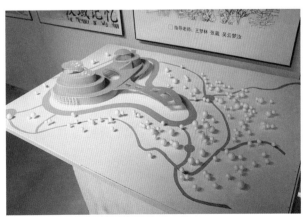

图2-22 开敞的外部空间（马一峰 等制作）

图2-23 围合的外部空间（余珺怡 制作）

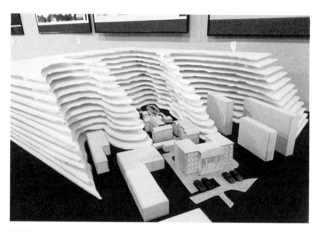

图2-24 空间序列组合

图2-25 多空间组合（王琳 等制作）

第三节　设计要素 / 重要性 ★★★★☆

一、形体结构

　　建筑空间的形体多种多样，单凭个人独立思考，是很难创造出特异、美观的形体。形体结构的设计应该以建筑功能空间为依据，当空间设计完善后，再来美化形体结构，使建筑模型外观趋向于完美。建筑形体结构的创意方法主要有以下三种。

1. 仿生结构

　　仿生即是仿照自然界的生物形态来创意的建筑结构，从自然界中捕捉能打动设计者创作激情的东西，如花朵、树枝、动物，甚至各种工业产品。同样一件参照物，在不同设计师的眼里都是不同的，将他们的形体特征抽象出来，附着在建筑空间内外，这样重新构成后的建筑具有独特造型，很难与现有建筑产生重复（图2-26、图2-27）。

　　仿生结构的关键在于提炼，将自然对象中能利用的元素吸取出来，对于不能运用的则不作考虑，任何形态都不能影响建筑的使用功能。一般而言，初次创意的形态比较完美，但是要与建筑紧密结合起来，落实到细节上就很困难了，在适当的时候可以牺牲部分

图2-26 仿鸟巢模型（王琪 李静制作）

图2-28 几何形体结构模型（王婧雯 制作）

图2-27 仿树桩模型（梅珊珊 等制作）

图2-29 不规则形体与曲线形结构模型（雷霆 制作）

形体特征，满足建筑的正常使用功能。

2. 几何结构

几何形体比较简单，常见的有圆形、方形、矩形、三角形、梯形等，可以将这些几何形直接用到建筑形体上（图2-28、图2-29）。例如，建筑平面布置、单元空间、门窗造型等。几何形在运用时要注意保持完整，随意将整形切割开来再拼接，会造成很牵强的效果。此外，几何结构形体要注意相互穿插，避免平行放置而造成的僵硬感。

3. 补美结构

补美就是创意思维过程中，按照美的规律，对尚不完美的对象进行加工、修改、完善，以致重建、重构的创意方法。根据补美的范围、深度不同，补美可以分为添补、全补、特补三类。添补是为已经完成的建筑模型增添新的构造，使其达到较美的效果（图2-30）。全补是对原对象进行彻底改革，全面更新，是一种重构、重建式的整体补美，主要针对配饰简单的概念模型。特补即采用特别巧妙的补美方法，在建筑模型中或底盘其他部位增添特殊构造，使建筑模型整体效果以巧制胜，妙趣横生（图2-31）。

建筑模型形体结构一般比较单一，要丰富细节，增加形体构造十分有必要，但是要注意增加的装饰形体应与原有建筑形体保持和谐统一，不能增添与原有模型风格相反的构造。

二、比例

建筑模型设计与建筑图纸设计一致，都要求具备准确的比例，比例是建筑模型设计方案实施的主要依据，它也是模型区别于工艺品、玩具的要素。在建筑模型设计之初，就应该根据设计要求定制模型比例，现代建筑模型根据比例大小，一般可以分为以下四种形式。

1. 建筑规划模型

建筑规划模型体量较大，要根据展示空间来确定比例。为了达到表现目的，城市规划模型一般定为1：2000～1：3000，能概括表现城市道路、河流、

图2-30 添补矩形装饰构造

图2-31 特补绿化造型（孙博文 等制作）

桥梁、建筑群等主要标识物；社区、厂矿、规划模型一般定为1：800～1：1500，能清晰表现建筑形体和道路细节；学校、企事业单位、居民小区规划模型一般定为1：500～1：800，能细致表现建筑形体与各种配饰品（图2-32）。

2. 建筑外观模型

建筑外观模型重点在于表现建筑的外部形体结构

与色彩材质，是体现建筑设计的最佳方式。建筑外观模型也要根据自身尺寸来定制。高层建筑、大型建筑、连体建筑、群体建筑一般定为1：100～1：300，能准确表现建筑的位置关系；低层建筑、单体建筑一般定为1：100～1：200，能清晰表现外墙门窗和材质的肌理效果；小型别墅、商铺建筑一般定为1：50～1：100，能细致表现各种形体构造与装饰细节（图2-33）。

3. 建筑内视模型

建筑内视模型主要适用于住宅、办公间、商店等室内装饰空间，尺寸比例一般定为1：20～1：50，单间模型可以达到1：10，能细致表现墙地面装饰造型、家具、陈设品等（图2-34）。

4. 建筑等样模型

等样模型的比例即为1：1，用于模拟研究建筑空间中的某一局部构造，各种细节均能表现出落成后

图2-32 建筑规划模型（黎梦 等制作）

图2-33 建筑外观模型（朱书奎 制作）

图2-34 建筑内视模型（王靖 制作）

的面貌。等样模型的制作比较复杂，一般很少实施
（图2-35）。

三、色彩

建筑模型的色彩能配合形体表现出建筑的性格。一般而言，现代住宅建筑色彩丰富，能激发人们的生活热情；商业建筑色彩沉稳，对比强烈，能体现出现代气息；办公建筑色彩冷淡，体现理智、冷静、高效率的工作气氛。建筑模型要营造原创设计师的创意精神，需要在色彩上施展笔墨。

1. 注重形式美的模型色彩

模型的形式美是模型设计与制作的一个重要方面。有意识强调某一色调，强调对比效果会使模型更具表现力和审美情趣。因此，注重形式美的色彩使用就显得格外重要。模型的色调一般是在调和中求对比，争取有一个统一的色调母题。这时就要求建筑物、绿化、地面、道路有一个统一的主调来协调。例如，以红色为基调，很可能以深红色为绿化，灰色为道路、地面。从而使整个模型统一在一个气氛中，并注意在统一中适当加以对比。如红色主调中以乳白色作建筑物墙面的颜色，建筑就显得更挺拔、醒目。深红色的基调、茶色玻璃窗、浅色建筑墙面，使整个模型协调中富于对比变化，突出主要角色，并带有形式美的装饰效果。

2. 注重实际形象的模型色彩

强调建筑的真实形象、色彩和质感，是达到模型

图2-35　建筑等样模型（陈婷　等制作）

的直观真实效果的基本要求。因此，在设计制作中，遵从实际颜色，注重实际效果，也是十分重要的。例如综合医院的设计，建筑以乳白色墙面为主调，用深绿色绒纸作绿化草坪，点缀黄绿色的树木，形成接近实际效果的色彩环境，气氛宁静清新又赋生机，有力地表现出医院设计中环境心理的构思主题。

色彩本身会给模型带来奇妙的作用影响。由于色彩具有一定的物理性能，因此不同的色彩会给人不同的季节感。例如浅淡色，会让人感觉是在夏天，给人清凉舒爽的感觉；而白色等冷色调则会给人一种冬天的感觉；丰富的色彩能够更好地装饰建筑模型，能够使主体建筑和周边配景更好地融合在一起，更好地表现设计主题；另外，色彩还具有标识作用，能够使建筑模型具有个性化特点，能更好地吸引观赏者的目光。同时，不同的色彩赋予的含义各不相同（见表2-1），适用的对象也各不相同（见表2-2）。

表2-1　色彩的联想与象征意义一览

色相	联想	象征
红	血液、太阳、火焰、心脏	热情、危险、喜庆、爆发
橙	橘子、橙子、晚霞、秋叶	快乐、温情、炽热、明朗、积极
黄	香蕉、黄金、菊花、提醒信号	明快、光明、注意
绿	树叶、植物、公园、安全信号	和平、理想、成长、希望、安全
蓝	海洋、天空、湖泊、远山	沉静、凉爽、忧郁、理性、自由
紫	葡萄、茄子、紫莱、紫罗兰	高贵、神秘、优雅
白	白雪、白云、白纸、医院	纯洁、朴素、虔诚、神圣、虚无
黑	头发、墨水、夜晚、木炭	严肃、独立

表2-2 建筑模型墙面适宜色彩一览

类别	色彩属性		
	色相	明度	彩度
居住建筑	红、橙、黄、黄绿、绿、蓝绿	6～9	1～3
办公建筑	黄绿、绿、蓝绿	7～9	1～2
教育建筑	橙、黄绿、绿、蓝绿	6～8	1～2
医疗建筑	黄绿、绿、白	7～8	1～1.5
娱乐建筑	红、橙、黄	6～9	2～3
商业建筑	红、橙、黄、黄绿、绿	7～9	2～3
产业建筑	黄绿、绿、蓝绿、蓝	6～9	1～2
交通建筑	橙、黄、蓝	7～9	1～3

现举例展示不同色彩所适用的模型对象以及其特色。

（1）白色

白色很纯净，主要用于表现概念模型或规划模型中建筑形体，在适当的环境中让人产生联想或引导观众将注意力迅速转移至模型的形体结构上，从而忽略配景的存在（图2-36）。当周边环境为有色时，白色可以用于主体建筑，起到明亮、点睛的装饰效果。在复杂的色彩环境中，白色模型构件穿插在建筑中间，显得格外细腻、精致。

（2）浅色

浅色是现代建筑的常用色，主要包括浅米黄、浅绿、浅蓝、浅紫等，都是近年来的流行色，主要用于表现概念模型的外墙（图2-37）。在模型材料中，纸张、板材以及各种配件均以浅色居多。

（3）中灰

中灰色适用于现代主义风格的商业建筑，它以低调、稳重的精神风貌出现，常用色包括棕褐、中灰、墨绿、土红等。中灰色系一般要搭配少量白色体块、红色线条、银色金属边框等配件，否则容易造成沉闷的感觉（图2-38）。

（4）深色

深色一般用来表现建筑基础部位或屋顶瓦片，如首层外墙、屋顶、道路、山石、土壤等，所占面积不大，常用颜色为黑、深褐、深蓝、深紫等（图2-39）。在某些概念模型中，深色也可以与白色互换，同样也能起到表现形体结构的作用。

四、材质

材质即是指材料与质地，建筑模型是通过模型的材料来表达建筑肌理、质感的，它是建筑模型进一步升华的表现。在建筑模型设计阶段，要指出模型的用

图2-36 白色模型（李佳　李心语制作）

图2-37 浅色模型（吕恒菲　张磊制作）

图2-38　中灰色模型（金定杰　等制作）

图2-39　深色模型

材质地。常见的模型材料质地主要包括以下四种。

1. 粗糙

粗糙的材质主要有草地、砖石墙体、瓦片等，可以采用草皮纸（图2-40）、带有纹理的ABS板材来表现，它们的浑厚可以配合深色底纹来表现建筑的重量感。

2. 光滑

建筑模型一般都是建筑实体的缩小版，外表光滑才能表现它的精致，光滑的模型材料非常丰富，具体还分为高光材质与哑光材质，高光材质主要用于建筑模型装饰边框或局部点缀，亚光材质用于建筑模型表面，常见的材料为PVC板与ABS板。光滑的材料始终是干净、整洁的象征（图2-41）。

3. 透明

透明材质主要用于表现建筑门窗与水泊，也可以用来制作内视模型或表现结构的概念模型。透明材料主要有透明PC板、有机玻璃板、玻璃等，质地分为透光、有色、磨砂等多种，透明材质须安装平整，稍有弯曲则会产生明显的凸凹（图2-42）。

4. 反射

反射材质主要用于表现建筑模型中的反射金属、镜面、水泊等装饰构件，主要为有色反光及时贴、玻璃镜面等，反射材质尽量少用，只作装饰点缀即可（图2-43）。

五、配饰

在设计建筑主体的同时也要配置相应的环境，建筑模型中的环境氛围一般通过配景陈设来表现，如树木、绿地、道路、水泊、围墙、景观小品、人物、车辆、配套设施等。这些配饰的选用并不是多多益善，要根据建筑模型的自身形态与表现特点来选配。

概念模型主要用于表达空间关系与形体大小，周边环境只作点缀，用于强化主体建筑的比例，在设计中可以尽量简化。商业展示模型主要用于陈设，为了极力表达丰富的视觉效果，在环境氛围的设计中要加大力度。住宅建筑周边需要增加绿地、水泊、景观小品、休闲设施等配件，尤其要保证绿地面积，体现出温馨典雅的生活环境（图2-44）。商业建筑周边要制作附属建筑与市政设施，增加人物、车辆的数量，体现出繁荣昌盛的面貌。文化建筑周边要预留广场、喷泉的位置，保证集会活动能顺利进行（图2-45）。

树木、人物、车辆是建筑模型重要的装饰配景，

图2-40　粗糙的草皮纸（吴嘉宇　制作）

图2-41 光滑的ABS板（何茜 等制作）

图2-42 透明的PC板（张倩 等制作）

图2-43 反射的镜片（曹宁 制作）

在布置时要分清主次。树木要以道路为参照，布置在两侧与绿化空地中，低矮的植物呈序列状摆放，高大、特异的树木要保持间距。人物布置以建筑模型的出入口为中心，逐渐向周边扩展，营造出良好的向心力，体现出建筑模型的重要地位。车辆布置要了解基本交通规则，以行车道与停车场为依据摆放，路口分布密度稍大，桥梁、道路中端分布稍稀疏。

图2-46 建筑模型玩具（胡浩然 等制作）

图2-44 休闲景观配饰（余玫莹 等制作）

图2-45 商业建筑配饰

- 学习要点 -

模型与玩具有区别

目前，市场上出现很多建筑仿真玩具，组装后具有一定的真实感，外表光洁，做工精致，与建筑模型的差异很小，很多模型制作者将其用到建筑模型中来当作建筑配景，虽然提高了效率，但是这种方式并不可取。建筑模型追求的是真实的比例与尺寸，形体要真实，材质要真实，结构更要真实。建筑仿真玩具再逼真，终归还是玩具，其中比例与尺寸不可能与现实建筑完全一致，建筑仿真玩具追求的是装饰性与观赏性（图2-46）。虽然颜色、材质类似，但是用它来替代建筑模型仍会显得很不协调，给人带来廉价或非专业的感受。为了培养模型设计、制作的创作能力，不应在建筑模型中穿插仿真玩具。平时的习作模型中不能用，商业展示模型更不能用。■

第四节　图纸绘制 / 重要性 ★★★★★

绘图是建筑模型设计的最后环节，图纸对于团队工作尤其重要，它是设计师与制作员之间的沟通工具，也是提高建筑模型质量的重要保证，建筑模型制图不同于建筑制图，它具有以下特点。

一、制图形式

模型设计图纸依然按照《建筑制图标准》GB/T50104—2010来执行。由于模型设计比建筑方案设计简单，一般只绘制模型的各立面图，只有内视模型与解构模型须增加内部平、立、剖面图。大多数原创设计师并不参与模型制作，因此还要绘制透视图或轴测图来向其他制作员讲解形体构造。此外，建筑模型的制图形式不能局限于普通AutoCAD软件绘制的线形图，小型习作概念模型可以徒手绘制（图2-47），中大形习作展示模型可以采用三角板与圆规绘制出比较严谨的图纸（图2-48），甚至可以在制图后期增加色彩与材质，这样能获得更直观的表现效果。

在商业展示模型制作过程中，投资方都会提供建筑的设计图，包括总平面图、平面布置图、外立面图、结构图等，这些图纸不一定都会用到模型制作中来，但是能让制作者了解建筑设计的构思与创意。在模型制图中，可以根据制作比例简化原始图纸的内容，尤其是细节，如窗台、门套、路缘石等细节在大比例模型中均可省略。建筑模型的制图形式要以模型为中心，原始建筑设计图纸为建筑施工服务，而模型设计图纸专为模型制作服务。

二、比例标注

建筑模型一般都要按比例缩放，在尺寸标注上要注意与模型实物相接轨，为了方便制作，标注时要同时指定模型与实物两种尺寸，图纸幅面可以适度增加，如果条件允许还可以作1:1制图，即图纸与模型等大，这样能减少数据换算，提高工作效率。同样，在材料与构造的标注上，也应作双重说明，即表明模型与实物两种用材的名称，制作员才能不断比较、修改，以获取最佳制作效果。

从制作效率的角度来看，建筑模型的制作比例应选择1:1、1:2、1:5、1:10、1:20、1:50、1:100、1:200、1:500、1:1000、1:2000、1:5000等比例，能方便模型制作者在制作过程中随时得出细节尺寸。

图2-47　徒手绘制（卢永健　绘制）

图2-48　尺规绘制

图2-49　建筑模型设计图纸（陈伟冬　绘制）

三、外观效果

模型制图最终用于加工制作，在形体构造复杂的情况下也需要参照模型施工图绘制轴测效果图或透视效果图（图2-49），然而模型效果图不同于建筑方案表现效果图，在形体结构、色彩材质、周边配景、视角点等要素上力求客观，不用渲染细腻的光影关系与复杂的环境氛围。此外，可以选用更方便、更快捷的制图软件来完成，使模型设计能随时修改［图2-50（a）（b）（c）（d）］。

对于制作要求比较高的建筑模型，可以采用Sketch Up或AutoCAD等快速软件绘制三维外观，也可以根据实际情况徒手绘制，只要能表现出模型的基本色彩与材质类别即可。

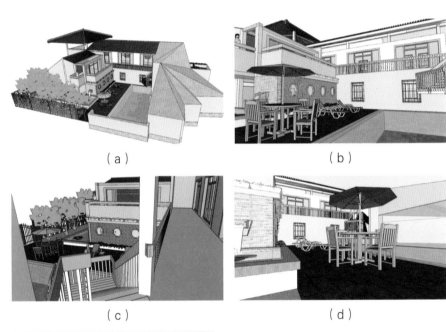

（a） （b）

（c） （d）

图2-50　建筑模型透视图（周娴　绘制）

思考练习

1. 掌握建筑模型的设计步骤。

2. 分析建筑模型的空间类型。

3. 熟记建筑模型的设计要素。

4. 分析建筑模型图纸的绘制要求。

5. 收集建筑图样，根据图样按比例绘制一套完整的建筑模型设计图纸，标注详细尺寸与材料。

6. 了解模型与玩具的区别。

7. 掌握建筑模型图纸绘制的特点。

8. 小组合作完成一项模型制作。

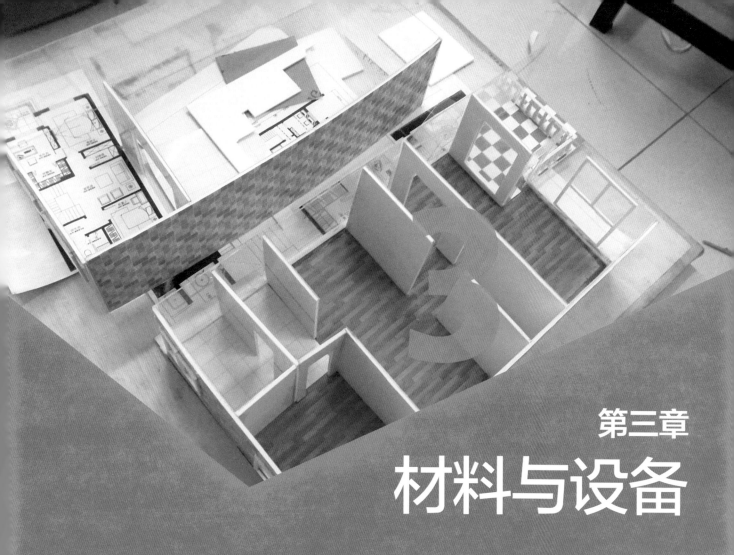

第三章

材料与设备

◄ **关键词：花纹纸、聚氯乙烯、切割机**

　　材料与设备是建筑模型的制作媒介，它们的种类繁多，在选择时要以模型的设计目的、制作工艺、投资金额为依据，适当选用。习作模型中的材料多以纸张、塑料为主（图3-1），材料需要进一步裁切、分割，以轻软质地为主。商业展示模型多以硬质塑料板材、金属为主，主要通过机械雕刻加工。在条件允许的情况下，应利用多种工具、设备来加工材料，能提高制作效率与质量。

　　材料是制作模型最基础的东西，材料的好坏影响着模型最后出品的质量，不同材料所展示出来的模型也不一样。制作模型时所用到的设备，可以很好的节约制作时间和制作效果，制作者应能熟练使用基本设备。

图3-1　建筑模型制作材料（吕媚　制作）

第一节　材料的种类　/ 重要性 ★ ☆ ☆ ☆ ☆

　　建筑模型的制作材料非常丰富，在使用中一定要分清类别，不同种类的材料要采取不同的加工方法，避免因材料特性不适应加工设备而造成浪费。

　　高档模型材料一般是指有机玻璃板、成品ABS板、配景物件等，它们的优势在于形体结构精致，能提高工作效率，常用于投资额度较大的商业展示模型。同样，高档材料加工难度大，需要运用精密的数控机床来加工，在硬件设施上投资很大。中低档材料一般是指印刷纸板、KT板、PVC发泡板、彩色即时贴等，它们的优势在于成品低廉，能手工制作，使用普通裁纸刀、三角尺、胶水即可完成，但要提高工作效率，需积累大量经验后方可熟能生巧。

　　在教学实践中，对材料与设备的选择应该尽可能多样化（图3-2）。在条件允许的情况下，建筑模型以中低档材料为主，适当增添成品装饰板与配景构件，甚至可以配合照明器具来渲染效果，以有限的条件去创造无限的精彩。现有的模型材料可以按以下几种方式来分类。

一、按化学成分分类

　　模型材料可以分为有机材料、无机材料、复合材料等几种。对有机材料与无机材料的选择可以控制建筑模型的耐候性。有机材料包括纸板、塑料板、专用胶粘剂等，而无机材料包括各种金属板材、杆材与管材。无机非金属材料一般不便于加工，如石材、陶瓷、泥灰等，但是成型后的效果比较敦实。复合材料使用最多，但是成本较高，如各种塑料金属复合板、

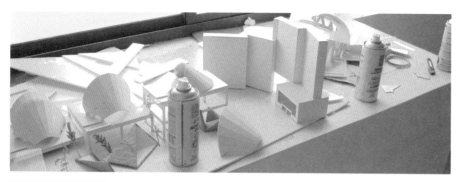

图3-2　习作建筑模型材料

配景构件等。在模型制作中可能要根据材料特性来变更模型设计方案。

二、按成品形态分类

　　模型材料可以分为块材、板材、片材、杆材、管材等几种。块材体量较大，长、宽、高之间的比例在3倍以内，常用的材料有泡沫（聚苯乙烯）、原木等。板材的截面长、宽比在3∶1以上，厚度为1.2～60mm，其中1.2～6mm之间的薄板规格与普通纸张相同，6mm以上的厚板一般为（长×宽）2400mm×1200mm。片材比较单薄，长、宽规格与材板相近，只是厚度一般在1.2mm以下，包括各种纸张、印刷纸板与透明胶片。杆材与板材的外形相当，长度为截面边长或直径的10倍以上，杆材中央为实心，管材为空心，管材的壁厚直接影响材料的韧性。

　　模型材料被预制成固定形态有利于提高制作效率，但是要根据需要来选择，避免牵强搭配而造成不良效果。

三、按材料质地分类

　　模型材料可以分为纸材、木材、塑料、金属等几种。

　　纸材加工方便，成本低廉，包括各种印刷纸张与纸板。木材形体规整，体量感强，能加工成各种构件，包括木方、实木板、木芯板、胶合板、纤维板等多种。塑料的装饰效果最佳，色彩多样，肌理变化丰富，适用于商业展示模型（图3-3），包括聚氯乙烯（PVC）、聚乙烯（PE）、聚苯乙烯（PS）、聚甲基丙烯酸甲酯（PMMA）、丙烯腈苯乙烯丁二烯丙烯腈共聚物（ABS）等。材料形态覆盖方材、板材、片材、杆材、管材等全部，是建筑模型制作中不可或缺的材料。金属材料硬度高，表面光滑，能起到很好的支撑作用与装饰效果，包括不锈钢板/管、各种合金板/管等。

　　不同的材质具有不同特性，要根据模型的制作需求作适当搭配，可以将不同类型的模型材料分开收纳，存放在纸盒中，能避免受潮、污染（图3-4）。此外，在同一建筑模型中各种材料的比例不能完全等同，需要表现出重点。

图3-3　商业展示建筑模型材料（赛悦模型　制作）　　图3-4　模型材料收纳存放

第二节　纸材 / 重要性 ★★★☆☆

纸质材料在现代建筑模型制作中应用最广泛，它的质地轻柔，规格多样，加工方便，印刷饰面丰富，能适应各种场合的需要（图3-5）。纸质材料一般不独立使用，它的制作基础来源于其他型材，如KT板、PVC板、木板以及各种方材、管材。单独使用纸材来制作模型的支撑构件容易造成变形、弯曲、起泡等现象。

目前，常用于建筑模型制作的纸质材料主要有书写纸、卡纸、皮纹纸、瓦楞纸、厚纸板、箱纸板等。它们的厚度、质地均不同，在制作前要根据需要来定制选购计划，避免造成浪费。

一、书写纸

书写纸又称为普通纸、复印纸，常见规格为标准A型纸，重量为70～80g/m²，主要分白色（图3-6）与彩色（图3-7）两种，最常见的80g白纸用于绘制创意草图与模型设计图，80g彩色纸应用更广泛，可以随机穿插在模型中，表现出平和、自然的色泽效

图3-5　纸材建筑模型（郭涛　等制作）

图3-6　书写纸

图3-7　彩色纸

果。目前，在书写纸的基础上还加工成有色光面纸，这又包括高光纸与亚光纸两种，能为模型制作提供更多样的选择。

二、卡纸

卡纸是重量≥150g/m²的纸材，是介于纸与板之间的一类厚纸的总称，主要用于明信片、卡片、画册衬纸等。纸面比较细致平滑，坚挺耐磨。根据用途还有不同的特性，例如，明信片卡纸须有良好的耐水性，米色卡纸须有适当的柔软性等。在建筑模型制作中，卡纸可以用于基层表面找平或粘贴外部装饰层，主要有白卡纸（图3-8）、灰卡纸、黑卡纸（图3-9）、彩色卡纸等多种。

白卡纸的应用最多，它是一种坚挺厚实、定量较大的厚纸。它对白度要求很高，A等品的白度应≥92％，B等品应≥87％，C等品应≥82％，白度≥90％的产品就有点"光亮耀眼"了。白卡纸还要求有较高的挺度、耐破度与平滑度，纸面应平整，不能有条痕、斑点翘曲、变形等瑕疵。

三、皮纹纸

皮纹纸属于特种纸，它种类繁多，是各种特殊用途纸或艺术纸的总称，原本主要用于印刷，由于纸面的设计效果不尽相同，现在也可以用于建筑模型表面装饰，色彩丰富，纹理逼真，可选择的余地很大。

1. 合成纸

合成纸又称为聚合物纸与塑料纸，它是以合成树脂为主要原料，将其熔融后通过挤压、延伸制成薄膜，然后进行纸化处理而成，表面具有天然纤维的白度、不透明度等效果（图3-10、图3-11）。合成纸中最常用的就是草皮纸（图3-12）。

2. 压纹纸

压纹纸是采用机械压花或皱纸的方法，在纸或纸板的表面形成凹凸图案。压纹纸通过压花来提高纸张的装饰效果，使纸张更具质感。目前，印刷用纸表面的压纹越来越普遍，胶版纸、铜版纸、白版纸、白卡纸等彩色染色纸张在印刷前都会经过压花（纹）处理，又可以称为压花印刷纸，能大幅度提高纸张的档次。

压花花纹种类很多，主要包括布纹、斜布纹、直条纹、雅莲网、橘子皮纹、直网纹、针网纹、蛋皮纹、麻袋纹、格子纹、皮革纹、头皮纹、麻布纹、齿轮条纹等多种。这些压花广泛用于压花印刷纸、涂布书皮纸、漆皮纸、塑料合成纸、植物羊皮纸以及其他装饰纸材（图3-13）。

3. 花纹纸

花纹纸手感柔软，外观华美，用在建筑模型中具有更高贵的气质，令人赏心悦目。花纹纸品种较多，各具特色，较普通纸档次高。花纹纸主要包括抄网纸、仿古纸、斑点纸、非涂布花纹纸、刚古纸、珠光纸、金属花纹纸、金纸等（图3-14）。

抄网纸的线条图案若隐若现、质感柔和，部分进口抄网纸含有棉质，质感更柔和自然并且韧度十足。仿古纸多以素色为主，质地古朴、美观、高雅。斑点纸中加入了多种杂物，生成矿石、飘雪、花瓣等装饰效果。非涂布花纹纸具有高档华丽的感觉，

图3-8 白卡纸

图3-9 黑卡纸

图3-10 合成纸

图3-11 彩色合成纸　　图3-12 草皮纸　　　　　图3-13 压纹纸

图3-14 花纹纸

纸的两面均经过特殊处理，使纸的吸水率降低，以致印墨留在纸张表面，油墨质感效果更佳。刚古纸的特色在于水印效果，是高品质书写、印刷用纸的标志，分为贵族、滑面、纹路、概念、数码等类别。珠光纸的色调随着观看角度的变化而产生不同的色彩感觉，它的光泽是由光线弥散折射到纸张表面而形成的，具有"闪银"效果。金属花纹纸是一种全新概念的艺术纸，它不仅保持了传统高级纸张所固有的经典与美感，还拥有正反双面的金属色调，华贵而不俗气，稳重而不张扬，使其显现出迥异于一般艺术纸的强烈气质。金纸与传统金箔具有本质区别，运用纳米技术研制，既能使彩色图像直接印刷于黄金之上，又能保留黄金的风采与性能，具有抗氧化、抗变色、防潮、防蛀的特性。

总之，花纹纸的视觉效果缤纷特异，但是价格较贵，在使用前要根据模型的创意需求来选择。

四、瓦楞纸

瓦楞纸是由面纸、里纸、芯纸与加工成波形瓦楞的纸张粘合而成的厚纸板（图3-15），它可以加工成单面纸板或3～11层纸板。不同波纹形状的瓦楞具有不同的装饰效果。即使使用同样质量的面纸与里纸，由于楞形的差异，构成的瓦楞纸板的性能也有一定区别。

瓦楞纸板的楞形形状主要分为V形、U形、UV形三种。V形瓦楞的平面抗压力值高，使用中节省胶粘剂用量，节约瓦楞原纸。但这种波形瓦楞制作的瓦楞纸板缓冲性差，瓦楞在受压或受冲击变霽后不容易恢复。U形瓦楞纸着胶面积大，粘接牢固，富有一定弹性。当受到外力冲击时，不像V形楞那样脆弱，但平面扩压力强度不如V形楞。根据V形楞与U形楞的性能特点，目前已普遍使用综合二者优点制作的UV形瓦楞纸，加工出来的产品既保持了V形楞的高抗压力能力，又具备U形楞的粘合强度高，且富有一定弹性。

在建筑模型制作中，瓦楞纸独特的装饰肌理弥补了普通平板的不足，但是瓦楞纸经过裁切后边缘难以平整，不适合制作精致的细节部位。

五、厚纸板

厚纸板是建筑模型制作中最常用的纸材，目前，一般将厚度>0.1mm的纸称为纸板，也可以认定≤225g/m²的纸材为纸，>225g/m²的纸材为纸板。

厚纸板大体分为包装用纸板、工业用纸板、建筑纸板与装饰用纸板等四类，其中装饰用纸板主要用于建筑模型，厚度为1~2mm，目前以1.2mm厚的产品居多。厚纸板可以独立支撑建筑模型的重量，但是容易受潮，在模型组装时仍然要增加骨架基层。厚纸板表面印刷色彩与图样比较丰富，可以根据需要选择，当没有合适图样时，也可以采用即时贴或其他印刷纸材作覆盖装饰（图3-16）。

六、箱纸板

箱纸板原本用于商品包装箱，用于保护被包装物件，它的质地较厚，达3~8mm，中央为不同形式的空心结构，外表一般为土黄色，具有一定的弹性。箱纸板的成本低廉，获取来源广泛，但是裁切、修整后精度不高，容易受潮，一般用于概念模型底盘或模型的墙体夹层。

1. 牛皮箱纸板

牛皮箱纸板又称为牛皮卡纸，一般采用100％的纯木浆制造，纸质坚挺，韧性好，是商品包装用的高级纸板，主要用于制造高档瓦楞纸箱，也可以用于概念建筑模型（图3-17）。

2. 挂面箱纸板

挂面箱纸板用于制造中、低档瓦楞纸箱。国产挂面箱纸板一般采用废纸浆、麦草浆、稻草浆等1~2种混合作底浆，再以本色木浆挂面，其各项性能与挂面的质量密切相关，强度比牛皮箱纸板差，一般用于建筑模型的基层（图3-18）。

3. 蜂窝纸板

蜂窝纸板是根据自然界蜂巢结构原理制作的纸板，它是将瓦楞原纸用胶水粘接成无数个空心立体正六边形，使纸芯成为整体的受力件，并在其两面粘合面纸而成的新型夹层结构的环保纸材，主要用于建筑模型底盘（图3-19）。

图3-15 瓦楞纸

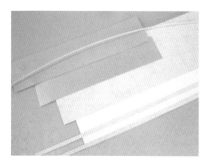

图3-16 厚纸板

图3-17 牛皮箱纸板

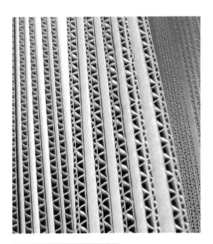

图3-18 挂面箱纸板

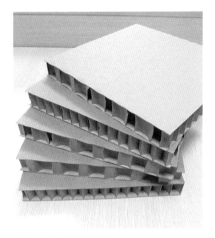

图3-19 蜂窝纸板

第三节　木材 　/ 重要性 ★★★☆☆

　　木质材料是最传统的模型材料，木材质地均衡，裁切方便，形体规整，自身的纹理即是最好的装饰，在传统风格的建筑模型中表现力非常强。木材的加工比较严谨，最好利用机械切割、打磨，光滑的切面与细腻的纹理是高档建筑模型的制胜关键（图3-20）。现代模型材料非常丰富，除了实木以外还有各种成品木质加工材料，如胶合板、木芯板、纤维板等。

一、实木

　　实木具有天然的纹理与色泽，质地醇厚，具有独特的审美特性。用于建筑模型中的实木一般为软质树种，如杨木、杉木、桃木、榉木、枣木、橡木、松木等，有特殊工艺要求的也可以选用柚木、檀木等硬质木材。现代实木材料一般被预制加工成型材，经过严格的脱水处理工艺，不变形，不起泡，方便选购。主要实木型材有片材、板材、杆材与成品配饰等几种。

1. 片材

　　木片形态的模型材料来源于厚纸板，纸板容易弯

曲、折翘，木片的形体显得更加坚挺，国产片材以正度纸规格为参照，单张片材规格一般为4开，厚度为0.4～1.2mm，薄木片采用精密的进口切割机床生产（图3-21），材质以质地平和的榉木、枣木为主，少数进口软质片材为了防止弯曲、断裂，还在木片背部粘贴一层纸板，这样更容易涂胶固定。

2. 板材

　　板材形体各异，主要以不同树种的体量为依

图3-20 木材建筑模型（柯友强 等制作）

据，乔木树种截面面积大，板面宽；灌木树种截面面积小，板面相对窄。现代木质品工艺不断发展，高档成品木板也能做到无缝拼接，制成宽大的板面型材。常用于板材的原木树种有：杉木、杨木、榉木等，其中以杉木应用最广。成品板材常被加工成（长×宽）2400mm×1200mm、2400mm×600mm、1200mm×600mm与600mm×300mm等规格，厚度为3～15mm，其中3mm、5mm、6mm的木板可以用作木质模型的外墙，既可承重，又可围合装饰，它的使用频率最高（图3-22）。

3. 杆材

实木杆材是采用轻质木料加工而成的，主要分为方杆与圆杆两种，它的边长或直径为1～12mm不等，长度随着粗度而增加，一般为200～1000mm（图3-23）。杆材主要用于制作木质模型的门窗边框、栏杆楼梯、细部支撑构造等。在选用时也可以搭配牙签、筷子等廉价竹质日用品，但是仍然要以建筑模型的比例为基准，不要被材料的形体结构所牵制。

4. 成品配饰

将木材加工成小型建筑构件或配饰品，能统一木质模型的表现风格，优化设计的形式美，成品配饰一般包括栏杆、小型亭台楼阁、室内家具（图3-24）、树木、车辆、人物等。它的比例主要为1：50、1：100、1：200、1：500等几种，能选择的范围不大，购买后要根据设计来涂饰油漆，避免棱角部位受到污染。对于大型木质建筑模型也可以参照实物，按比例制作。木质模型的表现亮点在于柔美的木质纹理，因此，不宜增添过多成品配饰，否则会造成喧宾夺主的不良效果。

二、胶合板

胶合板是由原木旋切成单板或采用木方刨切成薄木，再用胶粘剂胶合而成的三层或三层以上的薄板材，通常为奇数层单板，并使相邻层单板的纤维方向互相垂直排列胶合而成（图3-25）。因此，有三合、五合、七合等奇数层胶合板。胶合板既有天然木材的一切优点，容重轻、强度高、纹理美观、绝缘等，又可弥补天然木材自然产生的一些缺陷，如结疤、幅面小、变形、纵横力学差异性大等。

从结构上来看，胶合板的最外层单板称为表板，正面的表板称为面板，用的是质量最好的板材。反面的表板称为背板，用质量次之的板材。而内层的单板材称为芯板或中板，由质量较差的板材组成。胶合板的规格为（长×宽）2440mm×1220mm，厚度有3～21mm不等。

用于建筑模型的胶合板是采用天然木质装饰板贴在胶合板上制成的人造板，装饰单板是用优质木材经刨切或旋切加工方法制成的薄木片，又称为饰面板。它可以弯曲，可以用来制作大幅度弧形构造，板面的纹理天然质朴，自然高贵，可以表现古典主义或田园风格的建筑模型。

三、木板

木板主要是指木芯板与指接板，木芯板是具有实木板芯的胶合板，它将原木切割成条，拼接成芯，外表贴面材加工而成，其竖向（板芯纹理方向）抗弯压强度差，但横向抗弯压强度较高。指接板没有上下两

图3-21 薄木片

图3-22 实木板材

图3-23 实木杆材

层面材，直接将木质纹理显露出来，具有很强的装饰效果。

1. 木芯板

木芯板按加工工艺分为机拼板与手拼板两种，手工拼制是用人工将木条镶入夹板中，木条受到的挤压力较小，拼接不均匀，缝隙大，握钉力差，不能锯切加工，只适宜做整体钉接。而机拼的板材受到的挤压力较大，缝隙极小，拼接平整，承重力均匀，长期使用结构紧凑不易变形。按树种可分为杨木、杉木、松木等，质量好的板材表面平整光滑，不易翘曲变形。木芯板主要用于制作建筑模型的展台、底盘，或大型建筑模型的基础构造，需配合木龙骨使用（图3-26）。

2. 指接板

由于指接板没有面层薄板覆盖，能将木质纹理表现出来，主要采用杨木与杉木制作。指接板表面纹理分有结疤与无结疤两种，后者价格较高，但是装饰效果较好。适用于体量较大且用于表现木质纹理的建筑模型墙板、基础，但是抗压强度不如同等规格的木芯板（图3-27）。

优质木芯板与指接板的吃钉力好，强度高，具有质坚、吸声、绝热等特点，而且含水率不高，在10%～13%之间，加工简便，这两种板材的稳定性强，它的规格为（长×宽）2440mm×1220 mm，厚度有15mm与18mm两种，在模型制作中一般要采用切割机作加工。

四、纤维板

纤维板是以木质纤维或其他植物纤维为原料，经打碎、纤维分离、干燥后施加脲醛树脂等胶粘剂，再经热压后制成的一种人造板材（图3-28）。

纤维板因经过防水处理，其吸湿性比木材小，形状稳定性、抗菌性都较好。纤维板按容重可以分为硬质纤维板、半硬质纤维板与软质纤维板，其性质与原料种类、制造工艺的不同而具有很大的差异。硬质纤维板的密度>0.8g/cm³以上，常为一面光或两面光的，具有良好力学性能。半硬质纤维板又称为中密度纤维板，密度为0.4～0.8g/cm³。软质纤维板的密度<0.4g/cm³。目前，纤维板产品很丰富，如欧松板，是当今市场的主流产品，纹理更加自然丰富（图3-29）。

在建筑模型制作中，软质纤维板的使用频率最高，表面经过喷塑或压塑处理，具有一定的装饰效果，主要用于模型底座、墙板、隔板等，它的规格为（长×宽）2440mm×1220mm，厚度为3～30mm。

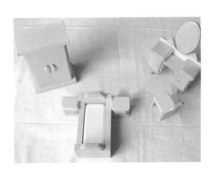

图3-24　木质成品配饰

图3-25　胶合板

图3-26　木芯板（赛悦模型　制作）

图3-27　指接板

图3-28　纤维板

图3-29　欧松板

第四节　塑料 / 重要性 ★ ★ ★ ☆ ☆

塑料材料的发展最为迅速，它属于高分子化合物，可以自由改变形体样式，主要由合成树脂、填料、增塑剂、稳定剂、润滑剂、色料等原料组成。塑料与其他材料比较，具有耐化学侵蚀，有光泽，部分透明或半透明，容易着色，重量轻且坚固，加工容易可大量生产，价格便宜，用途广泛等特点（图3-30、图3-31）。

根据塑料的使用特性，通常分为通用塑料、工程塑料与特种塑料三种类型。其中用于建筑模型制作的塑料型材属于通用塑料，主要有聚氯乙烯（PVC）、聚乙烯（PE）、聚苯乙烯（PS）、聚甲基丙烯酸甲酯（PMMA）、丙烯腈苯乙烯丁二烯共聚物（ABS）等。

一、聚氯乙烯

聚氯乙烯简称PVC，是当今世界上使用频率最高的塑料材料，它是一种乙烯基的聚合物质，属于非结晶性材料。PVC在实际使用中经常加入稳定剂、润滑剂、辅助加工剂、色料、抗冲击剂与其他添加剂，具有不易燃、高强度、耐气候变化以及优良的几何稳定性。

PVC的应用涉及各行各业，它具有稳定的物理化学性质，不溶于水、酒精、汽油、气体，水的渗漏性低，在常温下具有一定的抗化学腐蚀性，在建筑模型制作中能应对各种粘胶剂，质量非常稳定。但是PVC材料的光、热稳定性较差，在100℃以上或经长时间阳光暴晒，就会分解产生氯化氢，并进一步自动催化

分解、变色，机械物理性能迅速下降，因此在实际应用中必须加入稳定剂以提高对热与光的稳定性。

图3-30　白色塑料板制作建筑模型（赛悦模型　制作）

图3-31　彩色塑料板制作建筑模型（赛悦模型　制作）

- 学习要点 -

杆状材料的选用

杆状材料是指截面较小的长条形材料，这种型材中间或是实心或是空心，主要材质有木材、聚氯乙烯、有机玻璃、金属等，在建筑模型制作中应用较多，主要用于制作建筑模型中的围栏、龙骨、梁柱、门窗边框等构造，也可以用于各种纸材、板材饰边。杆状材料属于成品型材，外表光洁，形态完整，因此价格较高，在选用时应当控制用量，也可以对各种板材进行裁切，使板材变为杆状材料。■

图3-32 聚氯乙烯板

图3-33 聚氯乙烯杆/管

图3-34 聚乙烯板

建筑模型中常用的PVC材料包括低发泡硬质板材、高发泡软质板材（图3-32）、杆材、管材（图3-33）、成品件等，其中高发泡软质PVC板材使用最多，整张规格为（长×宽）1200mm×600mm，厚度为2～10mm，平板的颜色主要有白色、米黄色两种，凸凹纹理板材具有多种色彩，PVC板可以用于建筑模型的墙体围合。杆材与管材常用于模型中的支撑构件，如栏杆、横梁、柱子等。成品件包括人物、树木、车辆等配景，在应用时可以根据需要涂装色彩。

二、聚乙烯

聚乙烯简称PE，也是一种应用广泛的高分子材料。聚乙烯无臭、无毒、手感似蜡，具有优良的耐低温性能，最低使用温度可达-100℃，化学稳定性好，能耐大多数酸碱的侵蚀（不耐具有氧化性质的酸），常温下不溶于一般溶剂，吸水性小，电绝缘性能优良，但是聚乙烯材料对外界的受力（化学与机械作用）很敏感，耐热老化性差。

建筑模型中常用的PE材料包括硬质板材（图3-34、图3-35）、杆材、管材（图3-36）等，它的色彩柔和，质地细腻，具有半透光效果。整张板材的规格为（长×宽）2440mm×1220mm，厚度为1～20mm，颜色主要有白色为主，手工裁切时力度要大，一般采用机械加工。

三、聚苯乙烯

聚苯乙烯简称PS，是一种无色热塑性塑料，俗称泡沫塑料，它具有>100℃的转化温度，聚苯乙烯的化学稳定性比较差，可以被多种有机溶剂溶解，会被强酸强碱腐蚀，不抗油脂，在受到紫外光照射后易变色。聚苯乙烯质地硬而脆，无色透明，可以与多种染料混合产生不同的颜色。

建筑模型中常用的聚苯乙烯一般被加工成板材（图3-37），整张板材的规格为（长×宽）2440mm×1220mm，厚度为10～60mm，主要用于模型的形体塑造或底板制作，色彩有白色、蓝色、米黄色、灰褐色等多种。在裁切时要注意将刀具完全垂直于板面，最好采用热熔钢丝锯加工，裁切表面需要

图3-35 聚乙烯瓦片板

图3-36 聚乙烯杆/管

图3-37 聚苯乙烯板

使用砂纸或打磨机进一步处理。

在聚苯乙烯板的基础上，上下表面各增加一层PVC彩色薄膜，就形成了KT板（图3-38），整张KT板规格为（长×宽）2400mm×900mm、2400mm×1200mm，厚度有3mm、5mm、10mm等3种，KT板丰富了聚苯乙烯材料，常用于建筑模型的墙体或基层构造。

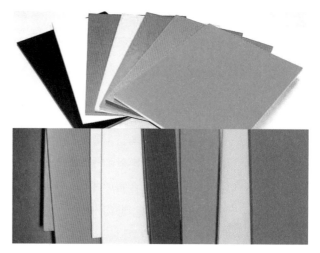
图3-38　KT板

四、聚甲基丙烯酸甲酯

聚甲基丙烯酸甲酯又称为PMMA，俗称亚克力、有机玻璃，它呈无色透明的玻璃状，具有极为优越的光学性能，属于高度透明的热塑性塑料，透光率达到90%～92%，获得了广泛的应用，但是表面硬度较低，容易被硬物划伤。PMMA的产品有片材、板材、杆材、管材等各种品种。

建筑模型中常用的有机玻璃材料主要为片材与板材（图3-39），片材与A型纸张规格相当，厚度为0.1～1mm不等，板材规格为（长×宽）2440mm×1220mm，厚度为1～6mm，有机玻璃板的色彩丰富，主要有透明、半透明、乳白、米黄、中绿、浅蓝等多种色彩，它主要用于建筑模型的墙体、门窗、水泊、反光构件等。在使用时可以作热加工处理，制成弧形或圆形构造。

图3-39　有机玻璃板

五、丙烯腈苯乙烯丁二烯共聚物

丙烯腈苯乙烯丁二烯共聚物简称ABS，其中丙烯腈占15%～35%，苯乙烯占40%～60%，丁二烯占5%～30%，最常见的比例是A：B：S＝20：30：50，ABS树脂熔点为175℃。它属于强度高、韧性好、易于加工成型的热塑型高分子材料。ABS树脂是微黄色固体，有一定的韧性，它的抗酸、碱、盐的腐蚀能力比较强，可以在一定程度上耐受有机溶剂溶解。ABS材料有很好的成型性，加工出的产品表面光洁，易于染色或电镀（图3-40）。

建筑模型中常用的是ABS板材，主要产品有高光板、亚光板、皮纹板、复合植绒板等几种，板材规格

图3-40　ABS板

为（长×宽）1200mm×1000mm，厚度为0.8～8mm，ABS板质地较硬，但是可以弯曲成型，裁切时要使用机械加工，适用于商业展示建筑模型中的外墙板、楼板、屋顶、窗台等构件制作，表面可以喷漆着色。

第五节　金属　/ 重要性 ★★☆☆☆

金属材料在现代建筑模型中虽然应用不多，但是它具有坚硬的质地、光滑的表面、浑厚的体量，仍然不可或缺。金属材料主要用于模型的支撑构件与连接构件，少数创意为了刻意表现金属质感，也会将金属板材用作围合装饰（图3-41）。常用于建筑模型的金属材料有铁丝、螺钉、不锈钢型材等。

一、铁丝

铁丝是采用低碳钢拉制成的一种金属丝，按用途不同，成分也不一样，它的主要成分为铁，还有少量钴、镍、铜、碳、锌等其他元素。将炽热的金属坯轧成 5mm 粗的钢条，再将其放入拉丝装置内拉成不同直径的线，并逐步缩小拉丝盘的孔径，经过冷却、退火、涂镀等加工工艺制成各种不同规格的铁丝（图3-42）。

常用于建筑模型的铁丝规格为0.5~2mm，除了金属本色产品以外，还有缠绕包装纸的装饰铁丝，主要用于基层构造或支撑构造的绑定。铁丝的加固强度要大大高于粘胶剂，但是要注意外部装饰，或者将其排列整齐，不能过于凌乱或影响其他材料的使用。

二、螺钉

螺钉是指小的圆柱形或圆锥形金属杆上带螺纹的零件。螺钉的材料主要有铜、铁、合金等几种，其中铜质螺钉硬度较高，适合金属件的连接，铁质、合金螺钉适用于木质材料的连接（图3-43）。螺钉的常用规格为（长）20~60mm，每递增5mm为一种规格，建筑模型中的螺钉主要用于连接大型构件，尤其是建筑实体与底盘，连接外观平滑自然，无痕迹。

三、不锈钢型材

不锈钢原本用于建筑装饰领域，它独特的光洁效果也能使建筑模型增色不少。不锈钢的耐腐蚀性取决于铬，但是因为铬是钢的组成部分之一，用铬对钢进行合金化处理时，改变了表面氧化物的类型，能防止钢材进一步氧化。这种氧化层极薄，透过它可以看到钢材表面的自然光泽，使不锈钢具有独特的表现。

不锈钢的硬度很高，用于建筑模型制作的型材一般比较单薄，主要用于建筑模型的展台或底盘装饰（图

图3-41　金属建筑模型

图3-42　铁丝

3-44）。板材规格为（长×宽）2440mm× 1220mm，厚度有0.5mm、0.6mm、0.8mm、1mm等几种，表面效果分为镜面板、雾面板、丝光板等，折叠时需要采用模具固定，一旦错误弯折就很难还原。

不锈钢管主要用于建筑模型中的立柱或支撑构造，常用规格为（直径/边长）10～60mm，每递增5mm为一种规格。

图3-43　螺钉

四、镀锌钢型材

镀锌钢型材主要是指表面经过电镀一层锌合金的钢材，锌能在铁金属上形成表面氧化物，保护铁不受氧化而产生锈蚀，但是表面却没有不锈钢光滑，型材的厚度也有所增加。镀锌钢板的规格为（长×宽）2440mm×1220mm，厚度有0.8mm、1mm、1.2mm等，为了保证装饰效果，型材表面都会涂饰一层油漆，在起到装饰效果的同时还能防止生锈（图3-45）。

镀锌钢板的加工复杂，一般在大型建筑模型中用于内部支撑，外部装饰仍由纸材与塑料来完成。

图3-44　不锈钢板

五、合金型材

合金是纯金属加入其他金属元素制成的，如铝合金、锰合金、铜合金等。合金比纯金属具有更好的物理力学性能，易加工、耐久性高、适用范围广、装饰效果好、花色丰富。利用铝合金阳极氧化处理后可以进行着色的特点，制成各种装饰品。以铝合金板材为例，表面可以进行防腐、轧花、涂装、印刷等二次加工，制成各种规格的型材。常用规格为（长×宽）2440mm×1220mm，厚度为0.5mm、0.6mm、0.8mm等几种。

建筑模型中常用铝合金薄板制作外墙墙板，它坚挺、平和的质地能给人带来稳重的视觉感受（图3-46）。

不同的材料有其不同的特色，制作模型之前需要对这些材料有一些充分的了解（见表3-1），并对如何使用该材料制作模型有一个清晰的了解与认识（见表3-2）。

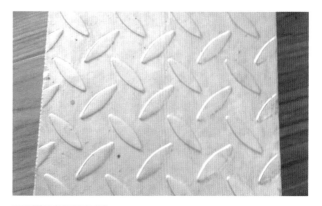

图3-45　镀锌钢板

图3-46　铝合金板

表3-1 模型材料一览

类别	定义及组成	特性	缺点
纸材	原料主要是植物纤维，原料中除含有纤维素、半纤维素、木素三大主要成分外，尚有其他含量较少的组分，如树脂、灰份等。此外还有硫酸钠等辅助成分，不同纸材添加不同的填料	表面具有天然纤维，其中花纹纸手感柔软，外观华美；金纸既能使彩色图像直接印刷在黄金之上，又能保留黄金的风采与性能，具有抗氧化、抗变色、防潮、防蛀的特性	普通纸材不防潮，易破损，外观较佳的纸材通常价格较贵
木材	木材是能够次级生长的植物，如乔木和灌木，所形成的木质化组织	有很好的力学性质，加工制作方便，其中纤维板耐磨，绝热性好，不易腐朽、翘曲变形	具有天然缺陷，木节、斜纹理较多，不够美观；易变色；易干裂；干燥的木材易着火
塑料	塑料是以单体为原料，通过加聚或缩聚反应聚合而成的高分子化合物，俗称塑料或树脂，可以自由改变成分及形体样式，由合成树脂及填料、增塑剂、稳定剂、润滑剂、色料等添加剂组成	大多数塑料质轻，化学性稳定，不会锈蚀；耐冲击性好，具有较好的透明性和耐磨耗性；绝缘性好，导热性低，一般成型性、着色性好，加工成本低	大部分塑料耐热性差，热膨胀率大，易燃烧；尺寸稳定性差，容易变形；多数塑料耐低温性差，低温下变脆；容易老化；某些塑料易溶于溶剂
金属	通常将具有正的温度电阻系数的物质定义为金属，绝大多数金属以化合态存在，少数金属例如金、银、铂、铋以游离态存在	具有光泽（即对可见光强烈反射）、富有延展性、容易导电、导热。耐腐蚀、耐氧化	不易加工成型

表3-2 建筑模型制作技法一览

类别	适用对象	基本步骤	备注
聚苯乙烯模型	主要用于建筑构成模型、工作模型和方案模型的制作	画线：一般采用刻写钢板的铁笔作为画线工具 切割：使用电热切割器，用直角尺确定好电热丝与切割器工作台垂直然后通电 粘接、组合：粘接时，常用乳胶作胶粘剂，在粘接过程中需用大头针进行扦插，辅以定型	在切割体块时，注意保证切割面平整，保持匀速推进切割器
纸板模型	薄纸板模型：主要用于工作模型和方案模型的制作	画线：根据平立面图进行画线 剪裁：将平立面图用胶水喷湿后平裱与薄纸板，待干燥后再剪裁 折叠、粘接	切割时注意切割力度
	厚纸板模型：主要用于展示类模型的制作	选材：根据制作要求选择不同色彩及肌理的基本材料 画线：一般用铁笔或铅笔［铅笔使用硬铅（H或2H）］ 切割、粘接	
木质模型	主要用于古建筑和仿古建筑模型制作	选材：注意选择木材纹理清晰、疏密一致、色彩相同、厚度规范的板材 材料拼接：主要有对接法拼接、搭接法拼接和斜面拼接法 画线、切割 打磨：选用细砂纸进行，顺纹理打磨；注意依次打磨，不要反复推拉，要打磨平整 粘接、组合	绘制图形时要注意木板材纹理的搭配
有机玻璃板及ABS板模型	主要用于展示类建筑模型的制作	选材：有机玻璃板选择厚度一般为1~5mm，ABS板一般为0.5~5mm 画线：一般选用圆珠笔或者游标卡尺画线 切割、打磨、粘接、上色	在选材时注意板材表面的情况，用圆珠笔画线时用酒精擦拭干净板材上的油污，再用旧细砂纸轻微打磨。用游标卡尺画线时用酒精擦拭干净油污即可画线

第六节　粘胶剂 / 重要性 ★ ★ ☆ ☆ ☆

粘胶剂是建筑模型制作中必备的辅助材料，它能快速粘接模型材料，相对于构件连接的方式，能大幅度提高工作效率。现代模型材料种类丰富，要根据材料的特性正确选用，不能一味追求万能的粘接效果。目前常用的粘胶剂主要有不干胶、白乳胶、502胶、硅酮玻璃胶、透明强力胶等几种。

一、不干胶

不干胶又称为自粘标签材料，是以纸张、薄膜或特种材料为面料，背面涂有丙烯酸胶粘剂，以涂硅保护纸为底纸的一种复合材料。

现代不干胶产品丰富，主要包括透明胶（图3-47）、双面胶（图3-48）、双面泡沫胶、印刷贴纸胶、即时贴胶纸（图3-49）等，这些产品为建筑模型制作奠定了坚实的基础，它主要用于粘接普通纸材与轻质塑料板材，在没有其他粘胶剂的情况下，合理运用不干胶产品也能获得良好的粘接效果。

二、白乳胶

白乳胶原名聚醋酸乙烯胶粘剂，是由醋酸与乙烯合成醋酸乙烯，再经乳液聚合而成的乳白色稠厚液体（图3-50）。白乳胶质量稳定，可常温固化，粘接强度较高，粘接层具有较好的韧性与耐久性且不易老化。

白乳胶广泛应用于厚纸板之间的粘接，同时也可作为木材的粘胶剂。使用白乳胶粘贴木材时，需要按压固定5~10min，木材之间要具有转角形式的接触面（榫口），不能用于其他材料的粘接。

三、502胶

502胶是以α-氰基丙烯酸乙酯为主，加入增粘剂、稳定剂、增韧剂、阻聚剂等，通过先进生产工艺合成的单组份瞬间固化粘胶剂（图3-51）。它具有无色透明、低黏度、不可燃，成分单一、无溶剂等特点，但是稍有刺激味、易挥发、挥发气具有弱催泪性。它的粘接原理是在空气中的微量水催化下发生加聚反应，迅速固化而将被粘物粘牢。

由于502胶能瞬间快速固化，又称为瞬干胶，能粘接金属、橡胶、玻璃等，非常适合暂时粘接，广泛用于钢铁、有色金属、非金属陶瓷、玻璃、木材、橡胶、皮革、塑胶等自身或相互间的粘合，但是对聚乙

图3-47　透明胶图

图3-48　双面胶

图3-49　即时贴胶纸

图3-50　白乳胶

图3-51　502胶

图3-52　硅酮玻璃胶

烯、聚丙烯、聚四氟乙烯等难粘材料，粘接表面需经过特殊处理。

四、硅酮玻璃胶

硅酮玻璃胶从产品包装上可分为两类：单组份与双组份。单组份的硅酮胶，其固化是靠接触空气中的水分而产生物理性质的改变；双组份则是将硅酮胶分成A、B两组，任何一组单独存在都不能形成固化，但两组胶浆混合就立即产生固化。目前市场上常见的是单组份硅酮玻璃胶（图3-52），它类似于软膏，一旦接触空气中的水分就会固化成坚韧的橡胶类固体材料。硅酮玻璃胶的粘接力强，拉伸强度大，同时又具有耐候性与抗振性，此外具备防潮、抗臭气与适应冷热变化大等特点。

硅酮玻璃胶主要用于光洁的金属、玻璃、不含油脂的木材、硅酮树脂、加硫硅橡胶、陶瓷、天然及合成纤维以及部分油漆塑料表面的粘接。优质硅酮玻璃胶在0℃以下使用不会发生挤压不出、物理特性改变等现象。充分固化的硅酮玻璃胶在环境温度达到200℃的情况下仍能持续有效。目前，硅酮玻璃胶有多种颜色，常用颜色有黑色、瓷白、透明、银灰、灰、古铜等6种。

五、透明强力胶

透明强力胶又称为模型胶、万能胶，是目前最流

行的建筑模型粘胶剂，它的主要成分是乙酸甲酯、丙酮（图3-53）。透明强力胶具有快速粘接模型材料的特性，适用于各种纸材、木材、塑料、纺织品、皮革、陶瓷、玻璃、大理石、毛毯、金属等材料，常见包装规格为20ml、33ml、125ml等。

使用时，将胶水均匀涂抹在粘接面上即可粘接，胶水质地完全透明，能真实反映材料的原始形态。只是在使用时要注意保洁，不宜在模型构件表面残留多余的透明强力胶，以免给模型造成粗糙的外观效果。

六、软陶

软陶是聚氯乙烯（PVC）与无机填料混合而成具有一定黏稠度的复合材料，其性能与陶土相似，又称为陶泥（图3-54）。软陶可以用来粘接建筑模型构造，因此可以认为是一种能造型的胶粘剂，具有造型自由，烘烤后不破碎等特点。

图3-53　强力透明胶

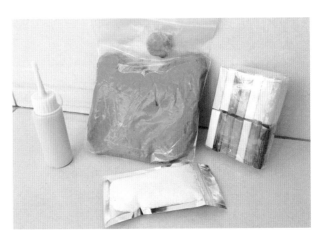

图3-54　软陶

- **学习要点** -

即时贴

　　即时贴最早于1964年由一名的化学家Spencer Silver发明。Silver研究各种胶粘剂配方时，配制出了一种具有较大黏性，但却不易固化的新品种粘胶，用它来粘贴东西，即使过了很长时间也能轻易地揭剥下来。即时贴品种繁多，能满足大多数建筑模型的外表装饰需求。即时贴色彩、纹理多样，能仿制出各种建筑材料，主要用于建筑模型的外表粘贴，起到快速装饰目的。

　　即时贴品种很多，按表膜可以分为透明PET、半透明PET、透明OPP、半透明OPP、透明PVC、有光白PVC、无光白PVC、合成纸、有光金（银）聚酯、无光金（银）聚酯等多种样式产品可供选择。■

　　软陶的加工制作方法与传统的橡皮泥类似，简单方便，一般用于工艺品与儿童玩具，现在也可以用于建筑模型制作，特别针对特殊的弧形建筑构造，采用软陶材料制作显得特别轻松。制作完毕的软陶模型构件必须经过加热定型。可以将软陶构件放入冷水中文火加热直至沸腾，并保持此状态20min，自然冷却后即成形。当然也可以重复2~3次，直到达到满意效果为止。还可以将要定型的软陶作品放入烤箱中，设置烘烤温度为120℃，烘烤10min，待炉温自然降至室温时再将构件取出。

第七节　器械设备 / 重要性 ★★★★☆

　　要提高建筑模型的工作效率，提升产品质量必须使用一些器械与设备。操作器械具有技术含量，需要掌握正确的使用方法，并加强训练才能达到要求。常用的器械设备主要包括手工工具、机械工具与机床设备3大类。

一、手工工具

　　手工工具是指能徒手操作的器械，主要分为分割工具与整形工具两种，其中分割工具包括剪刀、美工刀等；整形工具包括螺丝刀、引导线、钢锉、钢锥、钢丝钳等（图3-55）。

　　无论哪种工具都要谨慎操作，避免伤害人体，使用金属工具时最好戴上橡胶手套，防止汗液打滑。在精确模型中，要使用直尺或其他物件来引导工具的施力方向，避免产生粗糙的边缘。此外，金属工具要经常保养，定期打磨刀刃并涂抹润滑油，统一归纳在工具箱里（图3-56）。

二、机械工具

　　机械工具是指采用电力、油料、燃气、液压等为动力源的自动加工设备，在建筑模型制作中，根据加工目的主要有切割机、钻孔机、打磨机、热熔机、喷涂机等。

1. 切割机

　　切割机是利用在高速旋转的切割刀片或刀锯，对被加工物件进行切割或开槽的设备，它是建筑模型制作中最常用的机械工具。

　　切割机主要分为普通多功能切割机与曲线切割

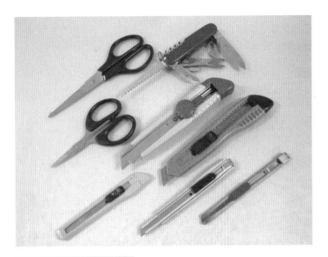

图3-55 常规手工工具

图3-56 工具箱

机。多功能切割机采用圆形刀片为切割媒介，能对纸材、木材、塑料、金属等材料作直线切割，刀片厚度一般≤1.5mm，操作时要预留刀片的切口尺度（图3-57）。曲线切割机又称为线锯，利用纤细的锯绳在操作台上快速上下移动来分割材料，针对木质、塑料板材能切割出曲线形体，是普通切割机的重要补充，由于曲线切割机的锯条比较单薄，一般不用来切割金属，金属可以使用专用曲线切割机，操控起来会更加得心应手（图3-58）。

2. 钻孔机

钻孔机是利用高速旋转的螺旋轴杆对被加工物件钻孔的机械设备（图3-59）。钻孔机操控简单，使用时在加工材料下方要垫隔一层其他材料，保证被加工材料的孔洞能均匀生成，能有效避免开裂、起翘。螺旋轴杆的常用规格为直径1～25mm，可以根据需要

作选择。针对木材等粗纤维材料可以降低钻孔速度，金属、塑料则可提高钻孔速度。除了台式钻孔机外，还可以根据需要选用手电钻，加工更灵活。

3. 打磨机

打磨机是采用不同粗糙程度的砂轮或砂纸盘对模型材料表面作平整加工的机械（图3-60）。纸材、木材、泡沫等低密度材料应选用粗糙的砂纸盘，塑料、金属、玻璃等高密度材料可以选用精细的砂轮。打磨时要注意材料的完整性，避免打磨过度而影响形体结构。高密度打磨又称为抛光，尤其是针对金属与石材可以适当加水，避免产生火花与粉尘。

4. 热熔机

热熔机是针对有机玻璃板作热弯加工的专用机械（图3-61），它能将平整的有机玻璃按设计要求热弯成各种角度，热弯半径从5～200mm不等，热弯无痕

图3-57 多功能切割机

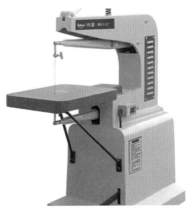

图3-58 曲线切割机

图3-59 钻孔机

迹无裂缝，保持有机玻璃的原有面貌。

5. 喷涂机

喷涂机的核心是空气压缩机（图3-62），它能将普通空气加压后传输给色料喷枪，带动色料喷涂至模型表面，是一种完备的涂装机械。喷涂机又分为通用喷涂机与无气喷涂机，通用喷涂机是利用加压空气带动色料，适用于水性颜料，而无气喷涂机是利用空气负压原理将色料喷涂出来，色料中不掺杂空气，不会产生由气泡引起的空鼓现象，适用于细腻的油性色料。喷涂机的使用效果最终由末端的喷枪来决定，喷口大小与形态可以选择更换，适应不同的涂装对象。

三、机床设备

今后的建筑模型制作会逐渐向自动化操作迈进，高端的机床设备能满足这一需求，它通过独立的计算机控制，对模型材料作自动加工。目前常用的机床设备主要有数控切割机、数控雕刻机、三维成型机。

1. 数控切割机

数控切割机能将计算机绘制的图形在所指定的材料上切割出来，形体完整，一次成型，效率高，全程工作无需人员职守。绘制的图形需要使用配套的专业软件，切割机上的刀具品种齐全，能满足各种模型材料的加工需求。目前高端产品为激光切割机，切割面与边缘更加光滑、平顺（图3-63、图3-64）。

2. 数控雕刻机

数控雕刻机除了将计算机绘制的图形切割机下来，还能根据原始材料的厚度作不同深度雕刻（图3-65），主要在板材表面加工文字与图案，雕刻后的纹理深浅不一，变化生动。高端的激光雕刻机精度更高，还能在有机玻璃板厚度中央作中空镂雕，进一步拓展了建筑模型的品种。

3. 三维成型机

三维成型是一项先进制造技术，它可以在无需准

图3-60　打磨机

图3-61　热熔机

图3-62　喷涂机

图3-63　多功能切割机

图3-64　曲线切割机

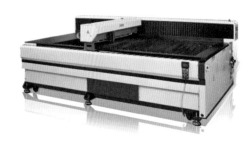
图3-65　数控激光雕刻机

图3-66　三维成型设备

图3-67　紫光固化处理

备任何模具、刀具的情况下，直接接受计算机（CAD）数据，快速制造出模型样件。三维成型机也可以称为立体打印机，它可以在没有任何刀具、模具及工装卡具的情况下，快速直接地实现模型构件的生产（图3-66）。

　　三维成型机的工作原理比较复杂，是将计算机内的三维数据模型进行分层切片，从而得到各层截面的轮廓数据，计算机根据这些信息控制激光器或喷嘴，有选择性地烧结液态光敏树脂，最终采用熔结、聚合、粘结等手段使其逐层堆积成一体，便可以制造出所设计的模型构件，如墙板、门窗、家具等。整个过程是在计算机的控制下全自动完成，最后经过紫光固化处理（图3-67）。三维成型机能大大缩短新模型制造时间，提高了制造复杂模型配件的能力，显著提高模型配件的一次成功率。有利于优化产品设计，节省了大量的开模费用，特别适合单件及小批量建筑模型生产。

思考练习

1. 列举并说明习作建筑模型材料。

2. 分析纸材、木材、塑料的品种与优势。

3. 考察附近建筑模型材料商店或淘宝网店，识别各种模型材料。

4. 根据实际情况熟悉使用各种用于模型制作的器械设备。

5. 对照模型设计图纸列出材料采购清单，标明品种名称、规格、数量与预算价格。

6. 熟记即时贴的具体内容。

7. 分析粘胶剂的品种与其适用对象。

8. 了解纸张的具体规格有哪些。

第四章
模型制作
工艺

PPT课件，请在计算机里阅读

◀ **关键词：定位切割、粘接、配景装饰**

模型是建筑形体的微观表现，无论选用何种材料，制作工艺都要精致、严谨。虽然操作技法与材料特性相关，但是模型质量仍由制作者的态度来决定。正确的方法是前提，严谨的态度是保证（图4-1）。建筑模型制作一般可以分为选材、下料、组装、拼接、配饰等五个步骤，其中下料与组装是制约全局的关键。在同一建筑模型中，不同构件的制作步骤虽有颠倒，但不影响整体进度。

一个精致的模型需要一个精致的制作工艺。在选用模型的用料时需要慎之又慎，因为建筑模型是实际物体的缩小版，内部细节构造肯定会更精细，制作时需要用到各种工具。但决定模型质量在于制

图4-1　建筑模型制作（赵小璇　等制作）

作者是否已经参透设计图纸，是否对接下来的制作了然于心并赋予极大的耐心。

第一节　材料搭配 / 重要性 ★★☆☆☆

在模型制作中，能被选用的材料十分丰富，要根据制作环境与表现目的进行综合选配。

一、制作环境

不同地域的经济状况不同，建筑模型的制作工艺也不同。在没有切割机、数控机床的条件下，普通纸材、木材与塑料一般通过手工工具来加工，加工质量与制作的熟练程度有关，主要以软质材料为主。如果要提高支撑构件的强度，可以叠加多层材料或采用夹层构造来增加硬度。例如，使用木板与ABS板制作墙体时，强度虽然很高，外形挺拔，但没有切割机便很难作进一步处理，甚至无法精确开设门窗洞口，这时可以选用KT板与厚纸板叠加，KT板在内起到支

撑固定的作用，1.2mm厚纸板贴在外部，起到平整装饰的作用，边缘转角也容易修饰平整（图4-2），也可以采用PVC发泡板制作，搭配1.2mm厚纸板（图4-3），这样都能回避因制作环境低劣而造成的粗糙。

在制作环境与经济实力允许的情况下，可以采用成品PVC板，经数控切割机一次裁切成形，即可组装成精致的商业展示建筑模型。有限的制作环境并不一定会产生低劣的建筑模型，开拓思维，缜密思考，量力而行，提高自身认识，终会创作出满意的作品。

二、表现目的

建筑模型的表现目的也不尽相同，要以创意构

思与制作要求为依据，对材料的选择要有所区别。概念性、研究性模型重在表现创意思想与空间关系，一般选用黑、白、灰或某种单一色彩的材料（图4-4），如白色PVC发泡板、单色PS板、单色厚纸板等，它们质地轻柔，便于加工，能快速变幻出更多造型组合。商业展示模型重在表现丰富的肌理、色彩、灯光与配饰，一般选用色彩丰富的成品型材作加工，如压纹ABS板、有机玻璃板、彩色印刷即时贴纸等，它们效果独特，价格高昂，能满足商业运作需求，产生高额的回报（图4-5）。

一般而言，要追求华丽的表现效果，应该尽可能多地增加模型材料种类，以获得完美的表现效果。不同材料之间要注意组装方式，避免因特性不同而产生矛盾。例如，彩色印刷即时贴纸附着在KT板或聚苯乙烯板上，容易出现气泡与凸凹痕迹，最好在中间增加1层厚纸板或PVC发泡板，平衡它们之间的内应力。

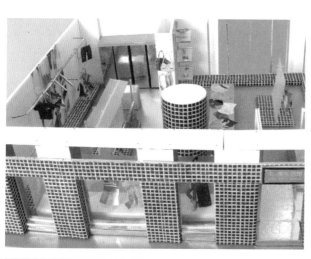

图4-2　KT板＋厚纸板模型

图4-3　PVC发泡板＋厚纸板模型（程哲婷　制作）

图4-4　白色建筑模型（周亚飞　制作）

图4-5　商业建筑模型（赛悦模型　制作）

第二节　比例缩放　/ 重要性 ★★☆☆☆

建筑模型一般都要经过不同程度的比例缩放，模型的比例缩放主要由表现规模、材料特性、细节程度三个方面来综合判定。

一、表现规模

表现规模即是建筑模型的预期体量，规模大小受场地、资金、技术等多方面限制。以住宅小区模型为例，实测规划面积为500000m^2，长1000m，宽500m，要在200m^{2}的展厅中做营销展示，模型展台面积应≤8m^2，那么模型的比例就应该定为1∶250（图4-6）。

同等条件下投资金额越高，模型规模就越大。此外，精湛的技术能处理好建筑模型中的大跨度结构，使内空高或纵身长的形体结构不弯曲、不变形（图4-7）。

二、材料特性

建筑模型的比例设定与材料特性密切相关，模型的体量大小直接影响材料选配（图4-8）。例如，在无支撑的模型结构中，1.2mm厚纸板能控制在200mm内不变形，3mm厚PVC发泡板能控制在300mm内不变形，5mm厚KT板能控制在400mm内不变形，10mm厚实木板则能控制在800mm内不变形。如果将以上材料相互叠加组合，强度会进一步增加，满足大体量建筑模型的制作要求。

同样，小体量建筑模型也对材料特性有所限定。例如，在形体较大的建筑模型中，单体建筑的长、宽、高一般为30~80mm，使用硬质板材很难深入加工，而PVC发泡板（图4-9）却是很好的材料，可以采用电热曲线切割机锯切成各种形体，满足不同的制作需求。

图4-6　住宅小区建筑模型（赛悦模型　制作）

图4-7　大型建筑模型（杨云　周怡婷制作）

图4-8　常用建筑模型材料

三、细节程度

建筑模型的细部造型也会影响自身的比例大小，规划模型中的单体建筑数量很多，无法深入细节，一般将比例设得很高，单件建筑物的体量变小了，构造细节也被简化了。然而，独立的建筑模型要求着重表现细部构造，强化建筑设计方案的精致性，比例尺就要设得很低。

例如，大型建筑构造中的条形结构多采用型钢制作，对于型钢的规格就要进行精确计算，根据1：300的模型玻璃，可以选用边长1.5mm的ABS方杆制作弧形型钢构造（图4-10）。又如，现实生活中的木质窗户框架宽约100mm，比较适合这一构件的模型材料是方形木质条杆，那么，该模型的比例就

可以设定为1：20，选用边长5mm的木质方杆（图4-11），其他形体细节也应该遵照此比例作深化表现。总之，细节的深化程度直接影响建筑模型的比例缩放。

在建筑模型制作中，比例缩放要做到统筹规划。整体形态设定准确后要规范内部细节；主体形态设定准确后要规范配饰场景；细部形态设定准确后要规范全局体量。

需要特别注意的是，在同一建筑模型中不能出现多种比例，尤其是建筑内视模型中的家具（图4-12），建筑景观模型中的人物、车辆、树木（图4-13）等成品配饰，宁缺毋滥，决不能强行搭配而影响最终效果。直接购买的模型配饰要经过仔细测量、换算，得出准确的比例后才能用到模型中。

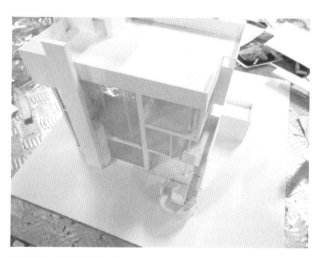

图4-9 PVC发泡板制作模型

图4-10 ABS方杆构造（徐昌 等制作）

图4-11 木质方杆构造（赵小璇 制作）

图4-12 内视模型中的成品家具（余珺怡 制作）

图4-13 景观模型中的配饰（高叶丹　刘雨露制作）

第三节　定位切割 / 重要性 ★★★★☆

建筑模型材料要由成品型材变为组装配件就必须经过定位切割，这是模型制作工艺中最重要的环节，模型的精密程度与最终的展示效果都由这项工序来决定。

一、定位

定位是指在型材上作位置设定，尤其要表现切割部位的形态与尺度比例，为其后的切割工序打好基础。

被选用的材料丰富多彩，形态各异，矩形、方形、梯形、自由曲线形等材料都有可能出现，在型材上标记切割部位须经过缜密思考，普通型材外观平滑、色彩单一、幅面宽大，比较容易做标记，从周边开始测量尺寸即可，但是要与型材边缘保持至少10mm左右的间距，避免将磨损的边缘纳入使用范畴。

矩形型材一般从长边的端头开始定位，不规则型材一般从曲线或折线边缘开始定位，保证最大化合理利用材料，做到先难后易，为后期用材提供方便。标记形体轮廓时可以将1∶1绘制的模型设计图拓印在型材上，使用硬质笔尖或刀片锐角刺透图纸，在型材上标记轮廓转角点，再将图纸取下，用自动铅笔与三角尺为角点连线（图4-14）。操作时应注意，自动铅笔落笔要轻，以制作者自己能识别为准。针对有机玻璃板、金属板等光洁材料可以使用彩色纤维笔来描绘轮廓。

圆弧形轮廓要使用圆规来描绘，圆点支撑部位对型材的压力要轻，避免产生凹陷圆孔。自由曲线边缘最好能归纳为多段圆弧拼接后的形态，尽量采用规则形体的组合来表现不规则形体。如果创意构思中的确需要表现任意自由曲线，可以将模型图纸1∶1裁剪下来贴在型材上，再作定位描绘（图4-15）。

建筑模型的形体结构大多为直角方形或矩形，外部墙体围合时要考虑拼装的连续性。因此，定位时不宜将墙体转角分开，连为一体能减少后期切割工作量，转角结构也会显得更加端庄、方正（图4-16）。

二、切割

切割模型材料是一项费时费力的枯燥劳动，需要静心、细心、耐心。不同材料具有不同质地，切割时一定要分而治之。针对现有的建筑模型材料，切割方法可以分为手工裁切、手工锯切、机械切割、数控切割等四种方式。

1. 手工裁切

手工裁切是指使用裁纸刀、刀片等简易刀具对模型材料作切割，通常还会辅助三角尺、模板等定型工具，能切割各种纸材、塑料及薄木片，它是手工制作的主要形式。裁切时要合理选择刀具，针对单薄的纸张与透明胶片一般选用小裁纸刀，操作时能均匀掌握裁切力度；针对硬质纸板、PVC发泡板、PS板等则要选用大裁纸刀，保证切面平顺光滑（图4-17、图4-18）。

在裁切硬度较高的纸材或塑料时，一定要采用三角尺作为辅助工具，一只手固定尺面于桌面上，手指分散按压在三角形斜边与直角上，形成牢固的三角支点，另一只手持裁纸刀沿着三角尺斜边匀速裁切，刀柄要与台面呈45°（图4-19），力度要适中。厚度较大的纸材不宜追求一次成功，可以作多次裁切，注意

第1次下刀的位置要准确，形成划痕后才能为第2刀、第3刀提供正确的施力点。当型材被切割成半断半连状时，不能将其强制撕开，否则容易造成破损。对于

图4-14 模型定位

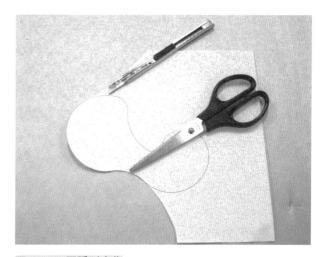

图4-15 圆弧形定位

图4-16 转角处理（王露 制作）

倾斜于板面30°（图4-20），再作匀速移动，中途不宜停顿，以防止切面产生顿挫，裁切速度不能过快，否则刀具容易偏移方向。裁切操作需一步到位，一次成型。为了保证型材的切面平顺自然，一次裁切长度应≤400mm，如果需要加工500mm以上的PS板或KT板，可以两人协同操作，即一人使双手固定按压丁字尺，另一人持大裁纸刀作裁切。此外，裁切这两种型材需要使用锋利的刀片，在整个模型的切割工序中，可以首先加工这两种型材。

在裁切质地轻脆的薄木板时，可以从纹理细腻的装饰面下刀，用力裁切至板材厚度的50%时，方可终止，然后即可用手轻松掰开（图4-21、图4-22），最后使用240#砂纸打磨切面边缘。

无论裁切何种材料，刀具都要时常保持锋利的状态，落刀后施力要均衡，裁切速度要一致。针对一刀无法成功切割的坚韧材料，也不能过于心急，反复操作终会得到解决。手工裁切看似简单，但技法多样，需要长期训练。

2. 手工锯切

手工锯切是指采用手工锯对质地厚实、坚韧的型材作加工，常用工具有木工锯与钢锯两种。木工锯的锯齿较大，适用于加工实木板、木芯板与纤维板等，锯切速度较快。钢锯的锯齿较小，适用于金属、塑料等质地紧密的型材。

锯切前要对被加工材料作精确定位放线，并预留出适当的锯切损耗，其中木材要预留1.5~2mm的宽度，金属、塑料要预留1mm，单边锯切的长度应

图4-17　手工裁切PVC板

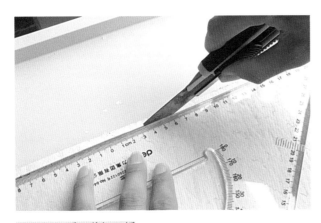

图4-18　手工裁切PS板

非常单薄的纸张不宜对折后从侧边裁切，避免切缝不平整。此外，在裁切彩色印刷纸板时，应该从印刷面下刀，这样能保证外观边缘整齐光洁。

在裁切质地轻柔的PS板、KT板时，最好选用大裁纸刀或宽厚的刀片，方便对宽厚的型材均衡施力。操作时仍然需要三角尺作参照，正确固定后要将刀片

图4-19　裁切硬质材料

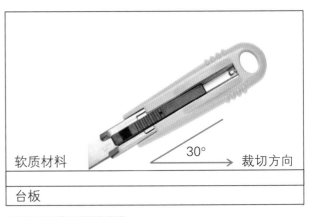

图4-20　裁切软质材料

图4-21　手工裁切薄木板

图4-22　掰开薄木板

≤400mm，避免型材产生开裂。锯切时要单手持锯（图4-23），单手将被加工型材固定在台面上，针对厚度较大的实木板也可以用脚踩压固定（图4-24），锯切幅度应≤250mm，待熟练后可以适当提高频率。锯切型材至末端时速度要减慢，避免型材产生开裂。锯切后要对被加工型材的切面边缘作打磨处理，木质材料还可以进一步刨切加工。

　　手工锯切能解决粗大型材的下料、造型等工艺问题，但是不能作进一步深入塑造，针对弧形或曲线边缘还是要采用专用机械来加工，一切以模型的最终效果为准。

图4-23　手工锯切木线条

3. 机械切割

　　机械切割是指采用电动机械对模型材料作加工，常用机械主要有普通多功能切割机与曲线切割机两种。

　　普通多功能切割机采用高速运动的锯轮或锯条作切割，能加工木质、塑料、金属等各种型材，切割面非常平滑，工作效率高，针对硬质塑料或金属材料要注意避免产生粉尘与火花。材料的推进速度不宜过快，切割机的锯轮或锯条要根据被加工型材随时更换，大型锯齿加工木材，中小型锯齿加工金属、塑料，甚至纸材。多功能切割机一般只作直线切割，对加工长度没有限定（图4-25、图4-26）。

图4-24　手工锯切木板

　　在建筑模型制作中，曲线切割机的运用会更多一些，它能对型材作任意形态的曲线切割，在一定程度上还可以取代锯轮机或锯条机。根据曲线切割机的工作原理又可以分为电热曲线切割机与机械曲线切割机两种。前者是利用电阻丝通电后升温的原理，能对PS

图4-25　机械切割木杆

- 学习要点 -

电热切割机制作方法

在建筑模型制作过程中，电热切割机的使用比较频繁，一般购买成品设备（图4-30），也可以自己动手制作，制作方法与材料选用都比较简单。

1. 准备材料

工作台1件，1张木制板材即可。25～50W降压变压器1只，次极抽头电压为3V、6V、12V。长度为500～1500mm的不锈钢电阻丝1段，0.3～0.6mm。弹簧1根。开关、连接线、铁钉、木垫块等辅助材料。

2. 组合连接

首先，将电阻丝的一端固定在台板上，另一端拴在弹簧上，弹簧适当拉开并固定在工作台上。然后，将电阻丝两端通过连接线接到变压器次级的抽头上。电阻丝近两端处要用垫块垫高至所需高度。最后，将变压器初级通过开关连接交流电源。它的工作原理是对电阻丝通电，电阻丝即发热，可熔化聚苯乙烯板（PS板），最终使板材分离。

3. 通电调整

根据切割宽度不同可以调整电阻丝的长度。根据切割宽度与速度不同可以调整电阻丝直径与弹簧拉力。根据切割厚度不同可以调整电阻丝高度，根据电阻丝直径与长度不同可以调整次极电压。

块材、板材作切割处理。PS型材遇热后会快速熔解，这种切割形式非常适用，在条件允许的情况下，也可以自己动手制作一台电热曲线切割机。后者是利用纤细的钢锯条上下平移动对型材实施切割。操作前要在型材表面绘制切割轮廓，双手持稳型材作缓缓移动，操作时要注意移动速度，转角形态较大的部位要减慢速度，保证切面均衡受力（图4-27、图4-28）。

无论操作哪种切割机，头脑都要保持冷静，不要被噪声与粉尘干扰，以免受到意外伤害。

4. 数控切割

数控切割是指采用数控机床对模型材料作加工，又称为CAM。常用数控机床主要有数控机械切割机与数控激光切割机（图4-29）两种。

操作前要采用专业绘图软件，在计算机上绘制出切割线型图，图形尺度需精确，端正位置。其后将图形文件传输给数控机床，并选配适当的刀具，由机床设备自动完成切割工作。在切割过程中无须人工做任何辅助操作，使用起来安全可靠，效率很高。此外，激光切割机还能对有机玻璃型材进行镂空雕刻，唯美、逼真的加工效果令人叹止。

常规CAM软件种类繁多，每种普通数控切割机都会指定专用的控制软件，但是每种软件都有自身的特点，最好能交叉使用。首先，在界面提供的绘图区绘制出设计图形，也可以采用AutoCAD绘制后存储为DXF格式在指定的CAM软件中打开，将全部线条优化后作选择状。然后，设定切割类型并选择刀具名称，将一系列参数设定完成后

图4-26 机械切割PS板

图4-27 绘制切割轮廓

图4-28 机械曲线切割

图4-29 激光切割木板

储存为待切割文件，并将文件发送给数控机床。最后，将被加工型材安装到机床上，接到指令的数控切割机就会自动工作，直到加工完毕（图4-31、图4-32）。

CAM软件的操作比较简单，操作原理与AutoCAD输出打印图纸类似，关键在于图形的优化，所有线条都要连接在一起，不能断开，否则内部细节形态就无法完整切割。

图4-30　电热切割机

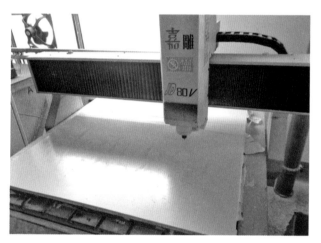

图4-31　数控切割机

图4-32　数控切割机制作的模型（赛悦模型　制作）

第四节　开槽钻孔 / 重要性 ★★★★☆

开槽钻孔是继定位切割工序后又一高端加工工艺，它能辅助切割工艺对建筑模型材料作深入加工，满足不同程度的制作需求。

一、开槽

开槽是指在模型材料的外表开设凹槽，它能辅助模型安装或起到装饰效果。槽口的开设形式一般有V形、方形、半圆形、不规则形等四种。在厚纸板、PVC板、PS板、KT板等轻质型材上开设V形槽或方形槽比较容易。

这里就以在KT板上开设V形槽为例。首先，需要在型材表面绘制开槽轮廓，一条凹槽要画两条平行线，彼此之间的距离应≤5mm。然后，将裁纸刀先向内侧倾斜，沿内侧线条匀速划切。接着，向外侧倾斜作匀速划切（图4-33），两次落刀的深度尽量保持一致，最好不要交错，避免将KT板划穿。最后，在不足部分可以补上一刀，最终所形成的V形槽可以用来折叠成转角造型。

在其他硬质材料上作开槽也可以采用切割机辅助（图4-34），或采用专用刀具与切割机床，如果条件允许也可以购买成品装饰槽板直接使用。

图4-33　手工KT板开V形槽

图4-34　机械切割机为纤维板开U形槽

二、钻孔

钻孔是根据设计制作的需要，在模型材料上开设孔洞的加工工艺。孔洞的形态主要有圆形、方形与多边形等三种，钻出的孔洞可以用作穿插杆件、电路照明（图4-35）或构造连接，也可以用作外部门窗装饰。

圆孔与方孔的开设频率很高，几乎所有建筑模型都需要开设。孔洞按规格又分为微、小、中、大四类。直径或边长为1~2mm的称微孔，3~5mm的称小孔，6~20mm的称中孔，21mm以上的称大孔。微孔的开设比较简单，直接使用尖锐的针锥对型材作钻凿，1~2mm的孔洞可以直接凿穿，以满足其他形体构造能顺利通过或固定。3~5mm的小孔则先锥扎周边，后打通中央，完成后须采用磨砂

图4-35　钻孔构件用于安装灯具（赛悦模型　制作）

棒打磨孔洞内径。6～20mm的中孔开启就比较灵活了，可以借用日常生活用品来辅助，如金属钢笔帽、瓶盖、不锈钢管（图4-36）、打孔钳（图4-37）等，锐利的金属模具都能直接用于型材加工，如果规格不符，可以作多次拼接加工。≥21mm的大孔开设比较容易，首先，使用尖锐的工具将孔洞中央刺穿。然后，向周边缓缓扩展，使用小剪刀将边缘修剪整齐。最后，采用磨砂棒或240#砂纸将孔洞内壁打磨平整（图4-38）。

　　使用钻孔机能大幅度提高工作效率，但是不能完全依赖于它，机械钻孔一般仅适用于硬质型材（图4-39），而不适合质地柔软、单薄的透明胶片或彩色即时贴。柔软、单薄的型材使用钻孔机反而容易产生皱褶或破损，可以尝试使用装订用打孔机来加工，但是孔径尺度比较局限。

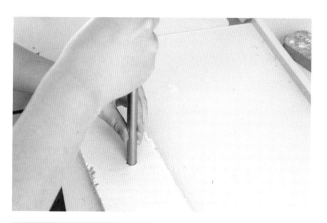

图4-36　不锈钢管辅助钻孔

图4-37　打孔钳

图4-38　磨砂棒打磨

图4-39　机械钻孔

第五节　构造连接　/ 重要性 ★★★★★

建筑模型材料下料完毕，可以根据设计图纸进行构造连接。建筑模型的连接方式很多，常用的有粘接、钉接、插接、复合连接等四种。

一、粘接

粘接是建筑模型制作中最常用的连接方式，要根据材料特性选用适当的粘胶剂对形体构造作连接。一般采用透明强力胶对纸材、塑料作粘接（图4-40、图4-41）；采用白乳胶对木材作粘接；采用硅酮玻璃胶对玻璃或有机玻璃材料作粘接；采用502胶水对金属、皮革、油漆等材料作粘接；采用软陶对各种材料粘接后还能进一步塑造形体。

粘接前要对粘接面作必要的清理，避免粘接表面存留油污、胶水、灰尘、粉末等污渍。针对宽厚的面积可以使用打磨机处理（图4-42），粘接时将粘胶剂均匀地涂抹在被粘接面上，迅速按压胶粘面使其平整结合。白乳胶要等待2~3min后再粘接，502胶水则速度很快，俗称三秒粘接，无论使用何种粘胶剂，每次涂抹量要以完全覆盖被粘接面为宜，过多过少都会影响粘接效果，粘接后要保持定型3~5min，待粘接面完全干燥后方可作进一步加工。

透明胶、双面胶、即时贴胶纸等不干胶的粘接性能不佳，在建筑模型材料中没有针对性，一般只作纸材粘接的辅助材料，并且只能用于内部夹层中，不宜作主要粘胶剂使用。粘接完成的物件不要试图将其分开，强制拆离会破坏型材表面的装饰层。因此，粘接前一定要对构造连接形式作充分考虑，务必一次成型（图4-43）。

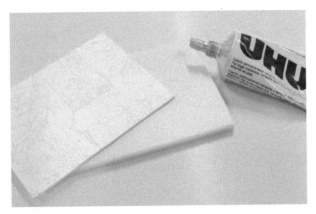

图4-40　粘胶剂粘接

图4-41　粘接成型

图4-42　机械打磨

图4-43　纸材粘接模型（戴俐　制作）

二、钉接

钉接是采用钉子或其他尖锐杆件对模型材料作穿刺连接，这是一种破坏型材内部质地的连接方式，一般只适用于实木、PS块／板、厚纸板等质地均匀的型材，下面介绍几种常用的钉接工艺。

1. 圆钉钉接

圆钉又称为木钉，主要用于木质材料之间的钉接（图4-44）。建筑模型的构造精致，一般选用长10～20mm的圆钉作加工。钉接前要对被加工木材作精确切割并将边缘打磨平整，落钉点要做好标记，直线方向间隔30～50mm钉接一枚圆钉，每两枚圆钉之间的间距要相等，圆钉的钉接部位要距离型材边缘至少5mm，防止产生开裂。钉接时单手持铁锤，单手扶稳圆钉与型材表面呈90°缓慢钉入。普通木质型材表面的钉头裸露部位要涂刷透明清漆，防止生锈。

圆钉的固定效果很牢靠，但是钉接产生的振动会在一定程度上破坏已完成的构件。因此，在加工时要安排好先后次序，减少不必要的破坏。

2. 枪钉钉接

枪钉又称为气排钉，是利用射钉枪与高压气流将钉子射出，对木材产生钉接作用（图4-45）。枪钉的钉接效应良好，提高了工作效率。在建筑模型制作中，一般选用长度为10～15mm的枪钉，落钉点间距为30～50mm，钉接部位距离型材的边缘应≥3mm（图4-46）。钉入型材后钉头会凹陷下去，可以涂抹少量胶水封平，同时也能起到防锈作用。

3. 螺钉钉接

螺钉的钉接方式最稳定，一般除了木材以外，高密度塑料与金属都可以采用。在建筑模型制作中，一般选用长10～15mm合金螺钉，针对木材可以使用尖头螺钉（图4-47）。钉接时，先用铁锤将螺钉钉入30%。再用螺丝刀拧紧。针对塑料与金属材料，则先要在型材上钻孔，孔径与选用的螺钉要相匹配，当螺钉穿过后再用螺帽在背部固定，每两枚螺钉的间距为50～80mm（图4-48）。螺钉钉接的优势在于可以随意拆装，适合研究性及概念性建筑模型。

图4-44　圆钉钉接

图4-45　射钉枪

图4-46　枪钉钉接薄木板

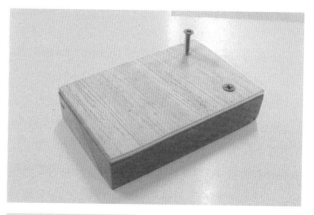

图4-47　螺钉钉接薄木板

4. 订书机钉接

订书机常用来钉接纸张（图4-49），在建筑模型制作中，订书机也可以用来钉接各种卡纸、纸板，只是落钉后会在型材表面形成凸凹痕迹，不便再作装饰。因此，订书机的钉接方式只适用于模型内部，它强有力的固定效果大大超过粘胶剂。钉接时，以两枚钉为一组，彼此间保持10mm的平行间距，钉接组之间的间距应≤80mm（图4-50），它能在一定程度上取代粘胶剂。

除了上述工具以外，在模型制作中还可以根据材料特性采用图钉、大头针等尖锐辅材作连接，均能达到满意的效果。

三、插接

插接是利用材料自身的结构特点相互穿插组合而成的连接形式。它的连接工艺需要预先设计，在型材上切割成插口（图4-51），由于插口产生后会影响建筑模型的外观效果，因此，插接形式一般只适用于概念模型（图4-52、图4-53）。

此外，还可以通过其他辅助材料作插接结构，如竹质牙签、木棒（图4-54）、ABS杆／管、小木杆等。首先，在原有型材上根据需要钻孔，然后，将辅材穿插进去，最后，要对插接部位涂抹粘胶剂作强化固定。插接工艺适用于构造性很强的概念模型，插接形式要做到横平竖直，任何倾斜都会影响最终的表现效果。

四、复合连接

复合连接即是同时采取两种或两种以上连接方法对建筑模型构造作拼装固定。在某些条件下，当一种方法不能完全奏效时可以辅助其他方法来加固。例如，使用透明强力胶粘接厚纸板时，容易造成纸面粘连而纸芯分离，出现纸板开裂、变形等不良后果。这时为了强化连接效应，可以在关键部位增加订书机钉接，使厚纸板之间形成由内到外的实质性连接。木质型材之间一般采用射钉枪钉接，但是接缝处容易产生

图4-48　安装螺钉

图4-49　订书机

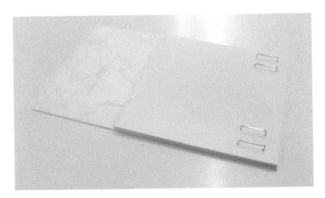

图4-50　钉书机钉接纸板

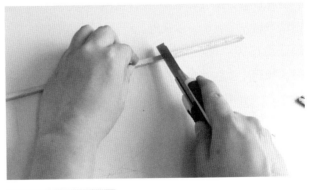

图4-51　裁切小木杆

空隙，在钉接之前可以在连接处涂抹白乳胶，使钉接与胶接双管齐下，加强连接力度（图4-55）。

复合连接会增加模型制作工序，如果原有连接工艺完善可靠，则大可不必画蛇添足。现代商业展示模型多会采用复合连接方式来固定各种配饰，如行人、车辆、树木等（图4-56）。

图4-52　木杆插接构造

图4-53　ABS杆插接构造（张倩　等制作）

图4-54　牙签与木棒

图4-55　复合连接的模型基础

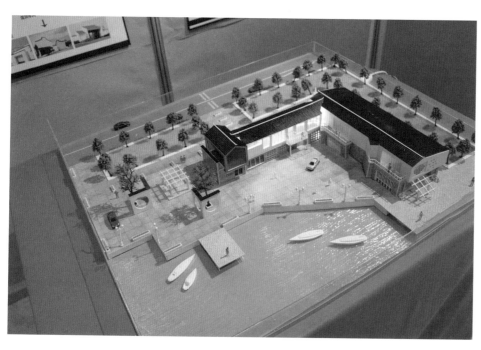

图4-56　复合连接的商业展示模型（毛静云　等制作）

第六节　配景装饰 / 重要性 ★★★★★

　　配景装饰是指建筑模型中除模型主体以外的其他构件，它们对主体模型起配饰作用，能丰富场景效果，提高模型的观赏价值。配景装饰一般包括底盘、地形道路、绿化植物、水景、构件等五个方面。

一、底盘

　　底盘是建筑模型的重要组成部分，它对主体模型起支撑作用。平整、稳固、宽大是模型底盘制作的基本原则。在具体制作中还要考虑建筑模型的整体风格、制作成本等因素。

1. 聚苯乙烯板底盘

　　聚苯乙烯板（PS板）的质地轻盈，厚度有多种规格，可以根据不同体量的建筑模型做适当选择。底盘边长＜400mm可以选用厚15mm以下的PS板或两层厚5mm的KT板叠加；底盘边长400～600mm可以选用厚20mm的PS板或3层厚5mm的KT板叠加；底盘边长600～900mm可以选用厚25mm的PS板，表面覆盖厚1mm的纸板或厚1.5mm的PVC发泡板；底盘边长＞900mm可以选用厚30mm以上的PS板，表面覆盖厚1.2mm的纸板或厚2mm的PVC发泡板（图4-57）。PS板与KT板具有质地轻、韧性好、不变形等优点，是普通纸材模型、塑料模型的最佳底盘材料。如果在建筑模型中需要增加电路设施，电线也能轻松穿插至板材中间并向任意方向延伸。

　　然而，成品PS板与KT板的切面难以打磨平整，需要应用厚纸板、瓦楞纸或其他装饰型材作封边处理，保持外观光洁。

2. 木质底盘

　　木质底盘质地浑厚，一般选用厚15mm的实木板、木芯板或中密度纤维板制作，边长可以达到900mm，但是＞1200mm的模型底盘须采用分块拼接的方式加工，即由多块边长1200mm以下的木质板材拼接而成，避免板材发生变形。如果木质底盘有厚度要求，也可以先用30mm×40mm木龙骨制作边框，中央纵、横向龙骨间距为300～400mm，最后在上表面覆盖1层厚15mm的实木板。

　　木质底盘一般会保留原始木纹，或在表面钉接薄木装饰板，装饰风格要与建筑模型主体相衬映，板材边缘仍须钉接或粘贴饰边，避免底盘边角产生开裂（图4-58）。厚重的实木底盘适用于实木、金属材料制作的建筑模型或石膏、泥灰材料制作的地形模型。如果只是承托厚纸板、PVC发泡板、KT板等轻质材料制作的建筑模型，也可以选用木质绘图板（画

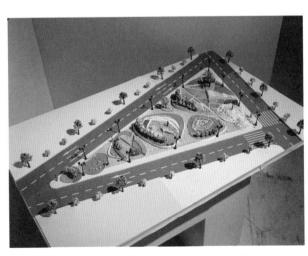

图4-57　聚苯乙烯板模型底盘（侯欢欢　制作）

图4-58　实木板模型底盘（杨晓琳　制作）

板），绘图板质地平整，内部为空心构造，外表覆盖薄木板，质重较轻，方便搬移，是轻质概念模型的最佳选择。此外，用于底盘制作的材料还有天然石材、玻璃、石膏等，均能起到很好的装饰效果。

无论采用哪种材料，建筑模型的底盘装饰效果都来自于边框，边框装饰是模型底盘档次的体现。在经济条件允许的情况下，可以选用不锈钢方管、铝合金边条、人造石边框，甚至定制装饰性很强的画框，运用这些材料会让商业展示模型锦上添花。

二、地形道路

图4-59　PVC发泡板等高线地形模型（朱亭　等制作）

地形道路具有规则感与方向感，在建筑模型中能间接表达建筑方位，富有力量的线条与建筑主体形成鲜明的对比，是城市建筑外观模型不可缺少的配景。

1. 等高线地形

等高线地形是用等高线表示地面高低起伏的建筑模型，在模型制作中，根据等高线的弯曲形态可以判读出地表形态的一般状况。

制作等高线地形要选择适当的材料，它的厚度可以按比例表示想要得到的坡度阶梯。常用材料有PVC发泡板与KT板（图4-59），木质模型可以搭配使用薄木板或箱纸板，这些板材厚度一般为3～5mm。首先，将图纸拓印在板材上逐块切割下来，先切割位于底部的大板，后切割上层的小板，然后，将所有层板暂时堆叠起来，堆叠时应该标上结合线与堆叠序号，防止发生错乱。直到它们非常小足以使用部分薄板代表山顶或其他小地域。最后，在每层等高线薄板上，给坡度加上标签，辅助计算海拔高度。

图4-60　黏土地形模型

木质等高线地形也可以进一步加工成实体地形，即在叠加的木板上涂抹石膏或黏土（图4-60、图4-61），使地形表面显得更柔和、更真实。

2. 道路

规划类建筑模型的道路主要是由建筑物路网与绿化构成（图4-62）。路网的表现要求既简单又明了，一般选用灰色。对于主路、辅路、人行道的区分，要统一地放在灰色调中考虑，用色彩的明度变化来划分道路的类别。

图4-61　石膏与白水泥地形模型（赛悦模型　制作）

图4-62　规划建筑模型道路（贺胤彤　制作）

图4-63　建筑模型道路（赛悦模型　制作）

在选用厚制纸板做底盘时，可以利用自身色彩表示人行道，用浅灰色即时贴表示机动车道路，白色即时贴表示人行横道与道路标示，辅路色彩一般随主路色彩变化而变化。作为主路、辅路、人行道的高度差，在规划模型中可以忽略不计。局部区域还要压贴绿地，注意接缝要严密。制作道路时一般先不考虑路的转弯半径，而是以笔直铺设为主，转弯处暂时处理成直角。待全部粘贴完毕后，再按其图纸的具体要求作弯道处理（图4-63）。

选用ABS板制作底盘贴面时应注意方法。首先，用复写纸将图纸描绘在模型底盘上。然后，将主路、铺路与人行道依次用即时贴或透明胶带遮挡粘贴。最后，用不同种类的灰色喷漆喷涂。使用这种方法特别要注意遮挡喷漆的纸张密封要严密，不要让喷漆破坏已完成的饰面。

三、绿化植物

绿化植物是外观建筑模型不可缺少的配景，它具有体量小、数目多、占地面积大、形体各异等特点。在此，介绍几种常见的制作方法。

1. 绿地

绿地在整个盘面所占的比重相当大。在选择绿地颜色时，要注意选择深绿、土绿或橄榄绿较为适宜。深色调显得比较稳重，而且还可以加强与建筑主体、绿化细部间的对比。但是，也不排除为了追求形

图4-64　绿地制作材料

式美而选用浅色调的绿地。在选择大面积浅色调绿地时，应该充分考虑与建筑主体的关系，同时还要通过其他绿化配景来调整色彩的稳定性，否则将会造成整体色彩的漂浮感。在选择绿地色彩时，还可以视其建筑主体色彩，采用邻近色的手法来处理（图4-64、图4-65）。如果建筑主体是黄色调，可以选用黄褐色来处理大面积绿地，同时配橘黄色或朱红色配景。采用这种手法处理，能使主体建筑与周边环境更加和谐（图4-66）。

在选用仿真草皮或纸张制作绿地时，要注意正确选择粘胶剂。如果是在木材或纸材底盘上粘贴，可以选用白乳胶或自动喷胶；如果是在有机玻璃板底盘上粘贴，可以选用自动喷胶或双面胶。使用白乳胶粘贴时，一定要注意将胶液稀释后再用。在选用自动喷胶

粘贴时，一定要选用高黏度喷胶。

此外，现在还比较流行用自动喷漆来表现大面积绿地。自动喷漆操作简便，只要选择合适的色彩即可，喷涂时要根据绿地的具体形状，用报纸遮挡不作喷漆的部分，报纸的边缘密封要严实，避免破坏其他饰面。

2. 树木

树木是绿化的一个重要组成部分。大自然中的树木形态各异。要将各种树木浓缩到建筑模型中，需要模型制作者具有高度的概括力及表现力。

制作树木的泡沫塑料，一般分为两种。一种是常见的细孔泡沫塑料，俗称的海绵。这种泡沫塑料密度较大，孔隙较小，制作树木局限性较大。另一种是大孔泡沫塑料，其密度较小，孔隙较大，它是制作树木的较好材料。

树木抽象的表现方法是指通过高度概括与比例尺变化而形成的一种表现形式。在制作小比例尺树木时，通常将树木的形状概括为球状与锥状，从而区分阔叶树与针叶树。在制作阔叶球状树时常选用大孔泡沫塑料，大孔泡沫塑料孔隙大，膨松感强，表现效果优于细孔泡沫塑料。首先，将泡沫塑料按树冠直径剪成若干个小方块。然后，修整棱角，使其成为球状体。最后，通过着色就形成一棵棵树木。有时为了强调树的高度感，还可以在树球下加上树干（图4-67）。

利用纸板制作树木是比较流行且较为抽象的表现方法。首先，选择纸板的色彩与厚度，最好选用带有肌理装饰效果的纸张。然后，按照尺度与形状作裁剪，这种树一般是由1～2片纸裁剪后折叠而成。为了使树体大小基本一致，当形体确定后，可制作一个模板后再进行批量制作（图4-68），这样才能保证树木的形体与大小整齐划一。

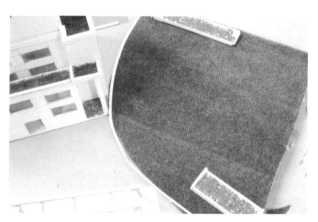

图4-65 草皮纸制作绿地

图4-66 建筑模型中的绿地与植物配景（黎梦 等制作）

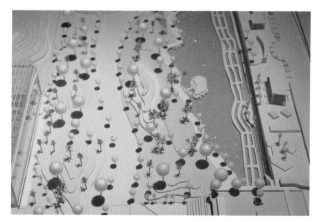

图4-67 泡沫塑料制作抽象树木（曹杰 等制作）

图4-68 厚纸板制作抽象树木（木兰 等制作）

树木的具象表现方法是指树木随着模型比例而变化，或随着建筑主体深度而变化的一种表现形式。在制作阔叶树时，一般要将树干、枝、叶等部分表现出来。首先，制作树干部分，将多股电线的外皮剥掉，将内部铜线拧紧，并按照树木的高度截成若干节，再将上部枝叉部分劈开，树干就完成了。然后，将所有树木部分作统一着色，树冠部分一般选用细孔泡沫塑料或棉絮，在制作时先进行着色处理，染料一般采用水粉颜料，着色时可将泡沫塑料或棉絮染成深浅不一的色块。接着，在事先做好的树干上部涂上胶液，将涂有胶液的树干部分粘接泡沫塑料或棉絮，放置一旁干燥。最后，待胶液完全干燥后，可将上面沾有的多余粉末吹掉，并用剪子修整树形即可完成。

如果条件允许，可以购置成品树干，在树干上喷涂胶水，蘸上绿色海绵粉待干（图4-69、图4-70、图4-71）。安装时用锥子在底盘上凿孔，将树木底端蘸上强力透明胶粘接即可，具有良好的装饰效果，只是价格较高（图4-72）。

3. 花坛

花坛也是环境绿化中的组成部分。虽然面积不大，但处理得当，也能起到画龙点睛的作用。制作树池与花坛的材料一般为绿地粉或大孔泡沫塑料。

选用绿地粉时，首先，将树池或花坛底部用白乳液或胶水涂抹。然后，均匀撒上绿地粉并用手轻轻按压，最后，将多余部分清除。这样就完成了树池与花坛的制作。注意选用绿地粉色彩时，应以绿色为主，加少量的红、黄粉末，使色彩感觉更贴近实际效果。

选用大孔泡沫塑料制作花坛时，首先，应将染好

图4-69　PVC树木喷漆（赛悦模型　制作）

图4-70　彩色海绵粉

图4-71　树干粘合海绵粉（赛悦模型　制作）

图4-72　树木安装（赛悦模型　制作）

的泡沫塑料块撕碎。然后，沾胶水进行堆积，即可形成树池或花坛。在色彩表现时，一般有两种表现形式：一是由多种色彩无规律地堆积而成；二是自然退晕的表现形式，即产生黄到绿或由黄到红等过渡效果。另外，处理外边界线的方法也很独特，采用小石子或米粒堆积粘贴，外部边缘界线应处理成参差不齐的效果，会显得更自然、更别致（图4-73、图4-74）。

四、水景

水面是各类建筑模型中，特别是景观模型中经常出现的配景之一。作为水面的表现方法应该随其建筑模型的比例、风格变化而变化。在制作比例尺较小的

水面时，可以忽略不计水面与路面的高差，直接用蓝色卡纸按形状剪裁后粘贴即可。另外，还可以使用蓝色压花有机玻璃板替代（图4-75）。

制作比例尺较大的水面时，首先，要考虑如何将水面与路面的高差表现出来。通常将底盘上水面部分作镂空处理。然后，将透明有机玻璃板或带有纹理的透明塑料板按设计高差贴在漏空处。接着，用蓝色自动喷漆在透明板下面喷上色彩即可，或在透明塑料板下面压上蓝色皮纹纸。用这种方法表现水面可以区分水面与路面的高差，透明板在阳光照射与底层蓝色材料的反衬下，效果比较真实（图4-76）。

如果大型建筑模型长期放在高档商业展示场所，可以考虑定制玻璃水缸，注入深度＜150mm的自来水，并在建筑模型的底部增加立柱构造支撑，立柱构

图4-73　建筑模型花坛植物（杨雪　等制作）

图4-74　海绵粉铺撒（王露　制作）

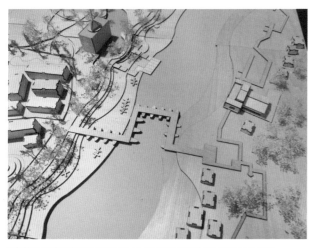

图4-75　概念建筑模型水面（温晓玲　但晓燕制作）

图4-76　展示建筑模型水面（李思梦　等制作）

图4-77　建筑模型真实水面（戴密　等制作）

造可以选用有机玻璃板／管制作。缸底可以撒上碎石等装饰品，甚至可以考虑安装潜水泵，放养小型观赏鱼。真实水景模型具有很强的观赏展示效果，应定期给水缸换水保持清洁。此外，模型的底盘应具有一定强度能保持平整，轻质模型底盘可以直接选用厚25～40mm的PS板，整个模型就能浮在水面上（图4-77）。

五、构件

配景中的构件主要是指预制成品件，即能直接购买应用的装饰配件，主要包括路牌、围栏、小品、家具、人物、车辆等。随着商品经济的发展，建筑模型制作已经形成了成熟的产业链，各种配景构件都能买到相关比例的成品，如果构件的用量大而预算资金少，仍然需要按部就班地制作。

1. 路牌

路牌是一种示意性标志物，由路牌架与示意牌形组成。在制作这类配景时要根据比例与造型将路牌架制作好。一般以PVC杆、小木杆作支撑，以厚纸板作示意牌，示意牌上的图形预先通过计算机软件绘制，打印后粘贴到厚纸板上。

路牌架的色彩一般选用灰色，可以使用自动喷漆涂装（图4-78）。绘制示意图时，一定要用规范的图形，具体形式可以参考相关国家标准，比例一定要准确。

2. 围栏

围栏的造型多种多样。由于受比例尺与手工制作等因素的制约，很难将其准确地表现出来，可以概括处理。

制作小比例围栏时，最简单的方法是，首先，将计算机绘制的围栏图形打印出来，必要时也可以手绘，然后，将图像按比例用复印机复印到透明胶片上，按轮廓裁下粘贴即可。

此外，还可以将围栏图形用圆规针尖在厚1mm的透明有机玻璃板上作划痕，然后用选定的水粉色颜料涂染，并擦去多余颜料，即可制作成围栏。这种围栏具有凹凸感，且不受颜色制约。

大比例围栏可以采用ABS杆或小木杆制作，纵、横向要注意平整，体量端庄，最后喷涂色彩即可。此外，也可以制作扶手、铁路等各种模型配景。如果仿真程度要求很高，最好购买成品件（图4-79、图4-80）。

3. 小品

建筑小品包括的范围很广，如建筑雕塑、浮雕、假山等。这类配景在整体建筑模型中所占的比例相当小，但就其效果而言，往往能起到了画龙点睛的作用。一般来说，多数模型制作者在表现这类配景时，在材料的选用与表现深度上掌握不准。

在制作建筑小品时，在材料的选用上要视表现对象而定，一般可以采用橡皮、黏土、石膏等材料来塑造。这类材料可塑性强，通过堆积、塑型便可制作出极富表现力与感染力的雕塑小品。此外，也可以利用碎石块或碎有机玻璃块，通过粘接、喷色制作出形态各异的假山。一般来说，建筑小品的表现形式要抽象化，建筑模型的表现主体是建筑，过于细致的配景会影响整体和谐。

家具、人物、车辆等构件的体量小，细节丰富，形象度比较鲜明，模型的观赏者都会潜意识地将这些构件与生活中的实物作比较，手工制作很难尽善尽美，稍有不慎就会影响整体效果。因此，手工制作的意义不大，建议全部购买成品件，虽然这类构件的价格较高，只要布局均衡，合理分配，一般商业展示模型的投资者都愿意承担（图4-81、图4-82、图4-83）。

图4-78　路牌模型

图4-79　建筑围栏模型（王雪婕　制作）

图4-80　庭院大门模型（王雪婕　制作）

图4-81　成品汽车模型

建筑模型中汽车的制作方法

　　虽然建筑模型中汽车大多为成品模型，但是也可以根据需要制作，以下介绍两种简单的方法。

　　1. 翻模制作法

　　可以将需要制作的汽车，按比例与车型各制作出一个标准样品。然后用硅胶或铅将样品翻制出模具，再用石膏或石蜡进行大批量灌制。待灌制、脱模后，统一喷漆，即可使用。

　　2. 手工制作法

　　如果需要制作小比例的模型车辆，可以用彩色橡皮，按形状直接进行切割。如果需要制作大比例模型车辆，最好选用有机玻璃板或ABS板进行制作。先要对车体表面作概括。以轿车为例，可以将其概括为车身、车篷两大部分。汽车在缩微后，车身基本是长方形，车篷则是梯形。然后根据制作的比例用有机玻璃板或ABS板加工成条状构件，并用强力透明胶粘接。干燥后，按车身的宽度用锯条切开并用锉刀修其棱角，最后作进行喷漆即可。■

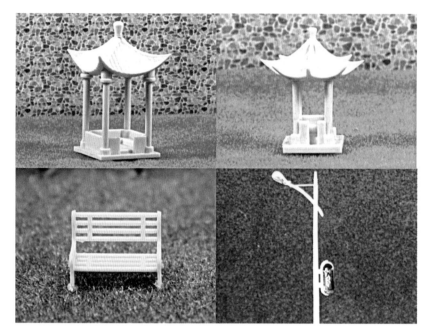

图4-82　建筑室外小品模型

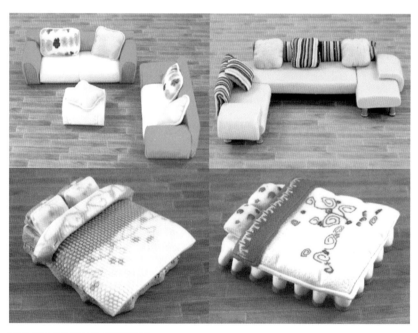

图4-83　建筑室内家具模型

第七节　电路控制　/ 重要性 ★ ★ ★ ☆ ☆

声、光、电是建筑模型中烘托环境氛围的必要因素，给模型增加电路设备能进一步提高观赏价值，它已成为现代商业展示模型制作的亮点。

一、选择电源

建筑模型中的声音、光照、动力都来自于电能，要根据模型自身特点与设计要求正确选择电源，常用有电池与交流电两种。

1. 电池电源

电池是日常生活中最简单的供电设备，它包括普通电池、蓄电池、太阳能电池等多种。

普通电池适用性很广，单枚电池电压从1.2～12V不等，其使用效能又根据内部原料来判定，普通碳性电池与碱性电池效能较低，适用于少量发光二极管或小型蜂鸣器，可以用在对声光要求不高的概念模型上。单枚碱性电池电压为1.5V，作双联组或四联组使用后即获得3V或6V的电压，可以保持4～8枚发光二极管持续照明30～60min。使用普通电池安全可靠，计算电压时稍有误差均能正常使用（图4-84）。

蓄电池又称为可充电电池，它能将外部电能储存在蓄电介质中，做反复使用。这类电池主要包括铅酸电池、镍铁电池、氢镍电池、锂电池等。蓄电池外观形态各异，适用范围很广，它的电能效力持久，供电电压从1.2～36V不等。在研究性、概念性建筑模型中也可以使用手机电池作为临时供电设备，它可作反复充电使用，供电电压一般为3.6～4.8V，连接时须对用电设备的额定电压作精确计算。总之，蓄电池的效能较强，对使用电压要作精确计算，保证用电安全，避免电压过低或过高而造成的危险。

太阳能电池是通过光电效应或者光化学效应直接将光能转化成电能的装置，它主要用于户外展示模型。太阳能电池能有效降低制作成本，可以反复使用（图4-85）。太阳能电池组也可以单独设计，且与建筑模型分离开，将电池组布置在户外而模型仍置于室内。此外，还可以根据模型的营销方式，将电池租赁给客户，待建筑模型展示完毕后再回收利用。太阳能电池的应用更加灵活多变，适合房地产博览会或户外群组展示。

2. 交流电源

交流电又称交变电流，一般指大小与方向随时间作周期性变化的电压或电流。我国交流电供电的标准频率规定为50Hz，交流电源能持续供电，电压稳定，主要用于大型展示模型。

图4-84　电池盒与照明灯

图4-85　太阳能电池板

目前，各种灯具、音响、动力设备都选用220 V额定电压，小功率概念模型也可以运用变压器将220V转换成3~12V安全电压，在模型制作中能满足带电作业的要求（图4-86）。如果希望从220 V交流电中获取稳定的5V直流安全电压，可以改造旧手机充电器，将输出电线接头切断，并分为"正"与"负"两极单独连接。转换为低压的电源可以用于小型电动机、水泵、照明灯具供电，发热量小，使用安全。只是注意经过转换后的电源线应≤900mm，避免电线过长产生发热造成安全事故（图4-87）。

二、灯光照明

在建筑模型中安装照明器具（图4-88），能有效增强原有作品的表现效果，常用的照明灯有白炽灯、卤素灯、LED灯（图4-89）三类，照明形式又分为自发光照明、投射光照明、环境反射照明。

1. 自发光照明

自发光即是在建筑模型内部安装灯具，从模型构件中发光照明。这种形式主要用于房地产楼盘展示，将白炽灯灯泡安装在建筑物内，灯光可以透过磨砂有机玻璃片向外照射，模拟现实生活中的夜景效果，具有很强的渲染性。此外，还可以将LED灯安装在模型道路两侧及绿化设施的路灯中，进一步加强建筑模型的真实感。自发光照明完全以真实光照为依据，是商业展示模型的首选（图4-90）。

2. 投射光照明

投射光即是在建筑模型的外部及周边安装灯具，对模型构件作投射发光照明。这种形式用于辅助自发光照明，对自发光无法涉及的面域作补充照明。一般

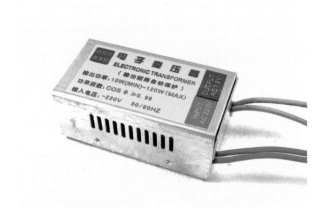

图4-86　小型电子变压器

图4-87　手机充电器

图4-88　照明电路安装

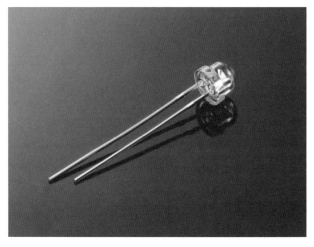

图4-89　发光二极管

选用卤素灯安装在建筑模型的底盘周边，也可以在室内顶棚上作悬挂照射。卤素灯的照射方向比较明确，平均1~2m^{2}底盘面积须布置1只35W卤素灯。安装时要注意避免灯光照射到观众眼中形成炫光，防止影响观展效果（图4-91）。

3. 环境反射照明

环境反射照明是指建筑模型在环境空间内的整体照明。建筑模型完成后，要在模型陈列场所作专项灯光设计，所形成的环境光会对建筑模型展示效果产生影响，均匀柔和的漫射光可以照亮模型构件之间的阴暗转角。如果室内环境光并不理想，可以将模型放置在白色墙壁或浅色屏风旁，让白墙或屏风上的反光成为辅助反射光源。

图4-90　自发光照明（景帆　等制作）

图4-91　投射光照明（刘聪　等制作）

三、音响动力

音响与动力是续照明以外的又一种高端表现方式，它能配合灯光为建筑模型营造出三位一体的多媒体展示效果，是现代商业展示建筑模型不可缺少的重要组成部分。

1. 音响

音响安装比较容易，但是播放内容要与建筑模型的表现主题相关。简单的音响效果可以采用CD机外接有源音箱，针对大型博览会还可以增加功放机以获得更显著的震撼效果（图4-92）。电源开关与灯光照明同步连接，也可以将CD机换成DVD机，并增加显示屏或电视机，使建筑方案设计的讲解词、视频图像

图4-92　小型音箱

- 学习要点 -

电路的连接方式

当连接的用电设备比较多时，就需要对用电设备进行全面设计，电路的连接方式有并联与串联两种。

并联是指将用电设备并列连接起来所组成的电路，适用于音响、照明灯、电动机等额定电压较高的用电设备，通常220V交流电设备使用并联电路，其中某一设备损坏并不影响其他设备。串联是指将用电设备逐个顺次连接起来所组成的电路，适用于发光二极管、蜂鸣器、玩具电动机等额定电压很低的用电设备，通常36V以下的直流电设备使用串联电路，串联电路上的某一用电设备损坏会影响其他设备的正常使用。

在模型制作中常常会将并联电路与串联电路混合连接，遇到这种的复杂情况须对额定电压作精确计算。■

与背景音乐同步播放，能获得良好的商业效应。

复杂的音响系统可以深入到模型构件中去，在建筑、草坪、树木、车辆等构件的隐蔽处安装不同声效蜂鸣器。当电路接通后，音箱会在建筑模型的不同部位先后传出鸟鸣声、风声、落叶声、车辆行驶声等不同声效，让观众有身临其境的感受。

更高端的布置形式还可以在模型构件中增加压感开关，当手指按动模型中某一处建筑、草坪、道路或小品设施时，音箱会传出不同声效，帮助观众分辨不同功能区。

2. 动力

动力系统主要用于特殊的模拟场景中，如风车、水车、旋转展台等，一般需要安装电动机及皮带、齿轮等传动设备。这一部分的设计制作要融合机械、电子技术知识，通过跨学科联合设计。简单的动力系统可以利用输入电压为3V的小型电动机，使用直流电源，体积小、重量轻、便于遮掩，是目前高档建筑模型中的主要动力设备（图4-93）。

四、无线遥控

无线遥控技术能通过无线电信号传输来达到控制电路设备的目的。无线遥控分为发射与接收两部分，发射部分也就是无线遥控器，其原理是将控制指令编码之后通过调制方式发送出去，接收器接收到遥控信号后，通过解码得到控制指令从而控制电路设备的运行。无线遥控在建筑模型制作中主要形式为无线遥控开关（图4-94），满足0～50m有效距离内对建筑模型的灯光、音响、视频、动力等设备作无线控制的要求。

遥控技术可以用于建筑模型的讲解演示，操控者无需与模型实体发生接触便能达到控制目的，能在很大程度上体现模型的档次（图4-95）。这类设备可以直接购买成品套件来安装，与电路连接时要注意供电电压，电路安装环境一定要符合遥控设备的使用要求。

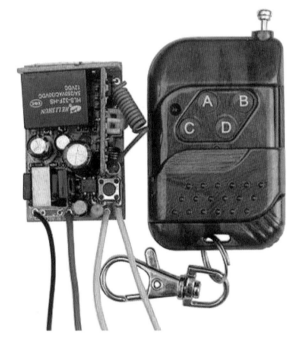

图4-94 遥控器

图4-93 小型电动机

图4-95 建筑模型遥控照明（卢永健 制作）

第八节　模型拍摄 / 重要性 ★★★☆☆

建筑模型完成后需要使用相机拍摄照片作永久保存，拍摄是对建筑模型设计与制作的二次表现。拍摄建筑模型需要重视选择器材、取景构图、布置光源三个方面。

一、选择器材

由于建筑模型的体积不大，主要表现局部细节，因此一般选择近景与微距功能较强的相机，具体相机品牌与型号要根据经济能力来选择。

普通数码相机质地轻，镜头不可更换，最好选择专业相机（图4-96）。使用专业相机拍摄模型时须安装在三脚架上，使用电子快门线或遥控器控制，因为近距或微距拍摄对握机的稳定性要求很高，轻微的抖动都会破坏画面质量。有了三脚架固定，在相机操控中最好选择光圈优先的拍摄模式，在任何光照环境下都能清晰表现出模型细节。如果条件有限也可以选用小型台式三脚架，能将相机放置在模型底盘上作近距离拍摄（图4-97）。如果手持相机也可以利用桌面或座椅靠背作支撑固定，在环境光源良好的情况下也能保证清晰的成像质量。

图4-96　单反数码相机

图4-97　三脚架

二、取景构图

拍摄建筑模型要对周边环境作情景准备，使用台布或遮板将模型以外的场景遮掩住，保证模型是唯一的拍摄主体。台布或遮板的颜色也会对建筑模型产生反射效应。如果只作简单的布景，可以直接购买纯色的背景布，或选择质地较好的绘图纸，白色背景适应性比较强。如果建筑模型色彩偏淡，也可以选择黑色、蓝色或红色背景穿插搭配，这要根据实际拍摄来灵活掌握。

以第一人称视角对建筑模型作微距拍摄，可以将模型搬运至草坪上拍摄，利用户外建筑、树木、天空、石堆等真实景观来烘托建筑模型。取景要巧妙（图4-98），合理利用相机的景深效果虚化环境，不

图4-98　室外借景拍摄（卢永健　制作）

能喧宾夺主。

在建筑模型拍摄中构图很重要。一般而言，对建筑内视模型与规划模型要作对角鸟瞰拍摄，能综观模型全貌（图4-99）；对建筑单体模型要作平视或近距离拍摄，着重表现模型的构造细节（图4-100、图4-101）；对概念性建筑模型还可以进一步端正拍摄角度，分别拍摄模型各平、立面效果，这有助于记录模型的尺寸与比例。无论从哪种角度拍摄，都要保证最终画面的完整，不应遗漏或残缺重要的细节。

图4-100 平视拍摄构图（张婷婷 等制作）

图4-99 鸟瞰拍摄构图（高叶丹 刘雨露制作）

图4-101 近距拍摄构图（吴倩 等制作）

- 学习要点 -

相机的微距拍摄

通常在普通数码相机上有一个花朵图案按钮，这就是微距拍摄的转换按钮。微距摄影是数码相机的特长之一，微距特别擅长拍摄模型的局部细节（图4-102）。

微距摄影力求将拍摄对象巨细无遗地呈现出来。其中，相机镜头的放大率直接影响着微距拍摄效果。我们经常听到某镜头能拍摄出1∶1、1∶2的微距效果，这些比例便是指镜头的放大率。左边的数值代表相机传感器平面上影像的大小，而右边的数值则代表实际主体的大小，当镜头能做到1∶1的放大率时，即镜头可将实物的真实大小完全投射传感器平面上。

现在的数码相机微距功能不等，有的为100～200mm，有的可以达到10～20mm的微距。对于单反数码相机而言，微距的拍摄能力由镜头所决定。微距镜头是最容易使用的拍摄器材，它的最高解像度与最高反差度是焦点在近距离时表现出来的，故要拍摄高质素的微距照片，必须选择微距镜头。为配合不同的需要，市面上有不同焦距的微距镜头可供选择，为20～135mm不等，较广角的微距镜头多会连同伸缩腔一同使用，若使用20mm微距广角镜连同伸缩腔使用，它便能做出高达5∶1～12∶1的放大率。■

图4-102 微距拍摄（王婕 制作）

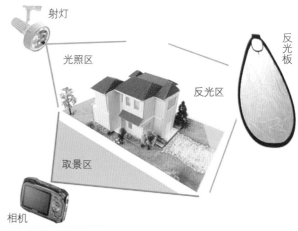

图4-103 建筑模型布光示意（吴嘉宇 制作）

三、布置光源

布置光源是拍摄质量的关键，光线照射到模型表面会产生明暗不均的反差，摄影正是利用这种光影效果来突出立体感。在正常情况下，普通建筑模型没有安装照明，可以搬至室外拍摄，但是要注意避免阳光直射。室内拍摄也可以采用普通台灯配合节能灯泡照明，用白卡纸板或专用反光板反射面，能将光反射到模型上以获得散射光与柔和光。但是这时候要注意，相机中的自动白平衡会不准确，最好用反光板手动调整白平衡。如果条件有限，也可以直接利用自然光，效果并不差。

布置主光源灯时，灯具的位置要根据相机的位置来决定，不要将光布与模型正上方，这样很难表现出建筑模型的立体感，一般选择45°入射光源，这样拍摄出来的光影效果最平衡，如果选择平行拍摄角度，主光源灯的位置还可以放在30°左右（图4-103）。

思考练习

1. 自主分析合理搭配模型材料的原则。

2. 尝试对多种建筑模型材料进行定位切割，掌握操作经验。

3. 选用多种胶粘剂粘接不同的模型材料，辨清材料与胶粘剂的特性。

4. 根据设计图纸制作1～2件建筑模型。

5. 选择合适的电源为建筑模型照明。

6. 使用数码相机拍摄建筑模型的制作过程。

7. 了解电路的连接方式，尝试在模型中添加电路设计。

8. 练习制作模型中的汽车、小陈设品等配饰。

9. 尝试使用模型切割工具进行模型切割。

第五章
模型制作
步骤

PPT课件，请在计算机里阅读

◀ **关键词：制作次序、拼接组装、工艺**

在现有制作条件下，大多数建筑模型的制作步骤都相同。具象创意要深入到模型构造中，将可能出现的结构问题预先设想出来并提出妥善的解决方法。型材下料的工艺要精湛，它是建筑模型质量要求的前奏，要为紧接其后的安装工艺打好基础。拼接组装的重点在于方法得当，先后顺序不能颠倒，构件之间的逻辑关系要明确，善于掌控各种连接材料与构件的特性，务必做到一次成功。整体调整要深入至细节，进一步处理好配景与主体建筑的关系。

在模型制作过程中，首先需要我们对自然界、对生活有一个敏锐的观察度，艺术来源于生活，但却高于生活，我们可以从生活的每一个小细节中获取灵感，例如像鸟一样筑巢，像彩虹一样给模型增添不同的色彩，使模型更具有色彩魅力；接下来就需要将创意付诸实践，在制作模型时，要注意每个拼接细部的处理，明确好每个构件之间的关系，务必做到一次成功，完成制作。

第一节　像鸟一样筑巢　/ 重要性 ★★★★☆

在远古时代，人类在探险、工作、劳累之后找个安全舒适的地方休息，树上干燥、防兽、防虫，顶棚还可遮阳挡雨。天冷了，再筑起四壁防寒。人类在种恶劣环境中，靠着顽强的生存能力，繁衍至今，形成了当今的文明社会（图5-1）。

图5-1　像鸟一样筑巢（邓世超　制作）

一、模型分析

这件建筑模型在立意上具有一定创新，主要以自然界树木生长形态为雏形。由于收集整理的枯枝有三级分叉，于是可以将这件模型的主体建筑分为三层，加之自然界树冠高度与树冠横截面积呈正比，且与承载力度呈反比。为了使居住者能够与大自然亲密接触、无碍交流，方案采用半封闭的形式，以棚屋与露台相结合，借清风徐徐、树影婆娑营造出与喧嚣都市截然不同的静谧空间（图5-2）。

二、材料选择

为了达到与自然环境和谐统一，在材料的选择上多采用质感粗犷的天然材料。除树枝、枯草、麻绳外，还有竹质方便筷、牙签、厚1.2mm仿木纹模型纸板、细铁丝、粉笔、普通纸张与各种小电子元件等（图5-3）。

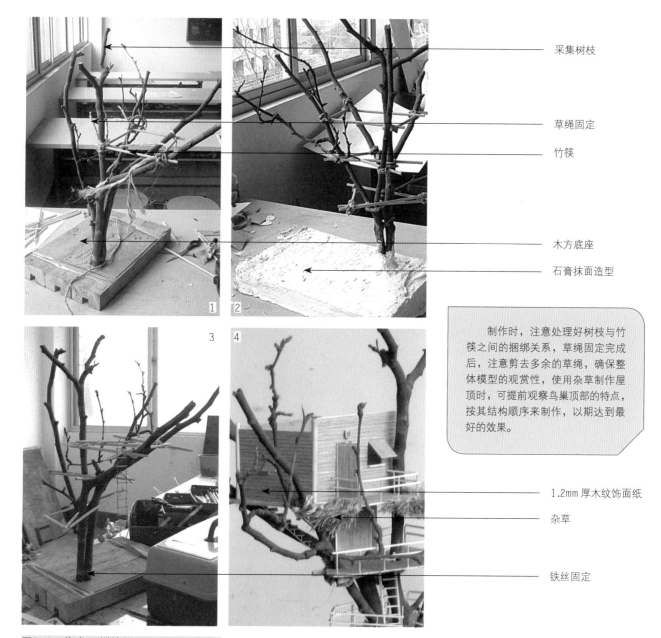

采集树枝

草绳固定

竹筷

木方底座

石膏抹面造型

制作时，注意处理好树枝与竹筷之间的捆绑关系，草绳固定完成后，注意剪去多余的草绳，确保整体模型的观赏性，使用杂草制作屋顶时，可提前观察鸟巢顶部的特点，按其结构顺序来制作，以期达到最好的效果。

1.2mm 厚木纹饰面纸

杂草

铁丝固定

图5-2　像鸟一样筑巢（邓世超　制作）

三、加工拼装

　　枯枝的生长形态与尺寸比例难以达到实际要求，只有将多根枯枝由基部用细铁丝绑扎在一起，表面再抹一层石膏仿照树皮做出肌理效果，并施以广告色以掩饰绑扎的痕迹，固定在牢靠厚实的木质底座上。

　　制作结构骨架时，可以根据树木生长的形态将方便筷作为构架绑扎在树干上，初步界定出三个空间平面，在构架交界处粘接柱体，进而向上搭建屋顶梁架。

　　制作地板、墙面与屋顶时，将仿木纹模型纸板裁切成条状，即按比例缩小的木板，再根据实际比例及树枝与各平、立面穿插关系进一步粘接出

1.5mm 厚 ABS 板屋顶

木质方杆楼梯

将仿木纹模型纸板裁切成条状后，可使用砂纸打磨仿木纹模型纸板切割的部分，方便后期粘合成栏杆，处理各平、立面穿插关系时一定要细心谨慎，穿孔不宜过大，最好是刚刚恰当，后期成品时模型才会更稳当。

杂草

木质方杆栏杆

杂草

图5-3　像鸟一样筑巢（邓世超　制作）

地板与墙体。这个过程最为繁琐，非常考验耐心与细致度，每块板材都要细致调整，尤其是与枝干交界处都要依具体情况做出适时裁切调整。最后将收集的枯草剪成30～40mm的小段，用棉线捆扎成束，铺设在梁架上（图5-4）。

四、配饰营造

为了突出树屋的主体地位与底座大小的限制，环境布置上没有考虑过多的修饰，仅用石膏简单的塑造出自然地形，再将制作干草屋顶的边角余料进一步剪短切碎，铺粘在石膏地形上形成草地。

竹牙签制作幕帘

布面枕头
成品装饰植物

> 按照比例制作好布面枕头，缝合处注意平整无多线，使用竹牙签制作幕帘时，可在其中穿插丝线，弱化牙签带来的硬度感。制作挂梯时注意每一节阶梯的间隙基本一致，保证模型的整体性。

草绳木方制作挂梯

图5-4　像鸟一样筑巢（邓世超　制作）

- 学习要点 -

建筑模型的养护方法

　　避免将建筑模型放置在高温、阳光直射或潮湿的环境中，最佳温度为5～35℃，相对湿度30%～80%，以免造成模型开裂、草皮翘起、线路短路、褪色等现象。建筑模型的存放要注意防尘，如果粘有污垢，不能用酒精、天那水等化学用品擦洗，应选用软毛巾轻轻擦拭干净。当有小配件脱落时，应妥善保管并集中粘接，以避免丢失，非专业人员不宜接触模型。注意模型电源的稳定性，模型在展示过程中，声、光、水、电系统需在正常稳定电压状态下工作。■

为了进一步营造建筑模型的浪漫氛围，在一侧大枝上垂挂了一副秋千。牙签制作的竹帘、粉笔头雕刻的盆花，发光二极管弯制的灯罩以及彩纱缝制的微型抱枕等，小巧精致的手工配饰更能增添不少点睛之处（图5-5）。

五、修饰细节

对于仿生创意的建筑模型，为了提升观赏价值，在制作最后应当进行整体修饰，使用小剪刀、砂纸等工具修整各构件的边缘。触动各构造之间的连接点，进行强化固定，避免在搬运、展示过程中出现脱落、断裂的现象。

1.2mm 厚木纹饰面纸板 ——

3

模型拼接完成之后检查各构造连接处是否牢固，可以根据需要添加其他成品装饰物，使整体模型不会过于单调。选择作为整体支撑的树枝时，尽量选择有三角开叉的树枝，利于模型的整体固定。

完成建筑模型 ——

图5-5　像鸟一样筑巢（邓世超　制作）

第二节 缤纷彩虹糖 / 重要性 ★★★☆☆

缤纷彩虹糖住宅的创意构思来源于是日本的知名建筑"转运阁",它被称为世界上最花哨的住宅,它的外形不但奇特,色彩艳丽,内部也是波澜起伏,色彩缤纷,设计师大胆地将各种鲜艳色彩组合在一起,给人以活泼、轻快感。同时,在造型上也十分特别,利用立方体,圆柱体、球体等多种几何形体结合而成。

一、模型分析

整体建筑比较复杂,它包括两栋建筑以及连接这两栋建筑的走廊。每栋建筑中的4个窗户分别朝向

4个不同的方向开启。这4个窗户的房间形状分别是2个立方体、1个球体与1个圆柱体。此外,转角、走廊、楼顶处还附有大量白色栏杆。

二、选择材料

根据建筑特色,采用1.2mm厚纸板制作立方体,40mmPVC排水管制作圆柱体,乒乓球制作球体,窗户玻璃采用透明胶片,窗框与栏杆都用边长1mm的ABS杆,模型的底座用20mm厚的PS板(图5-6、图5-7)。

1.2mm 厚纸

乒乓球开孔

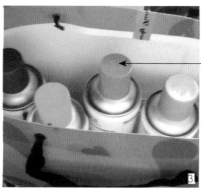 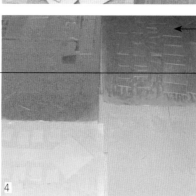

纸板集中喷涂油漆

罐装自动喷漆

纸板喷漆时注意喷涂均匀,可先在备用纸板上进行喷涂练习,锻炼手感,以保后期喷涂时可以一步到位。裁切模型基础造型时,要确保相同造型的模型尺寸一致。

40mmPVC 管内粘贴双面泡沫胶

喷漆后的乒乓球

乒乓彩色纸板拼装成型

图5-6 缤纷彩虹糖(陈璐 制作)

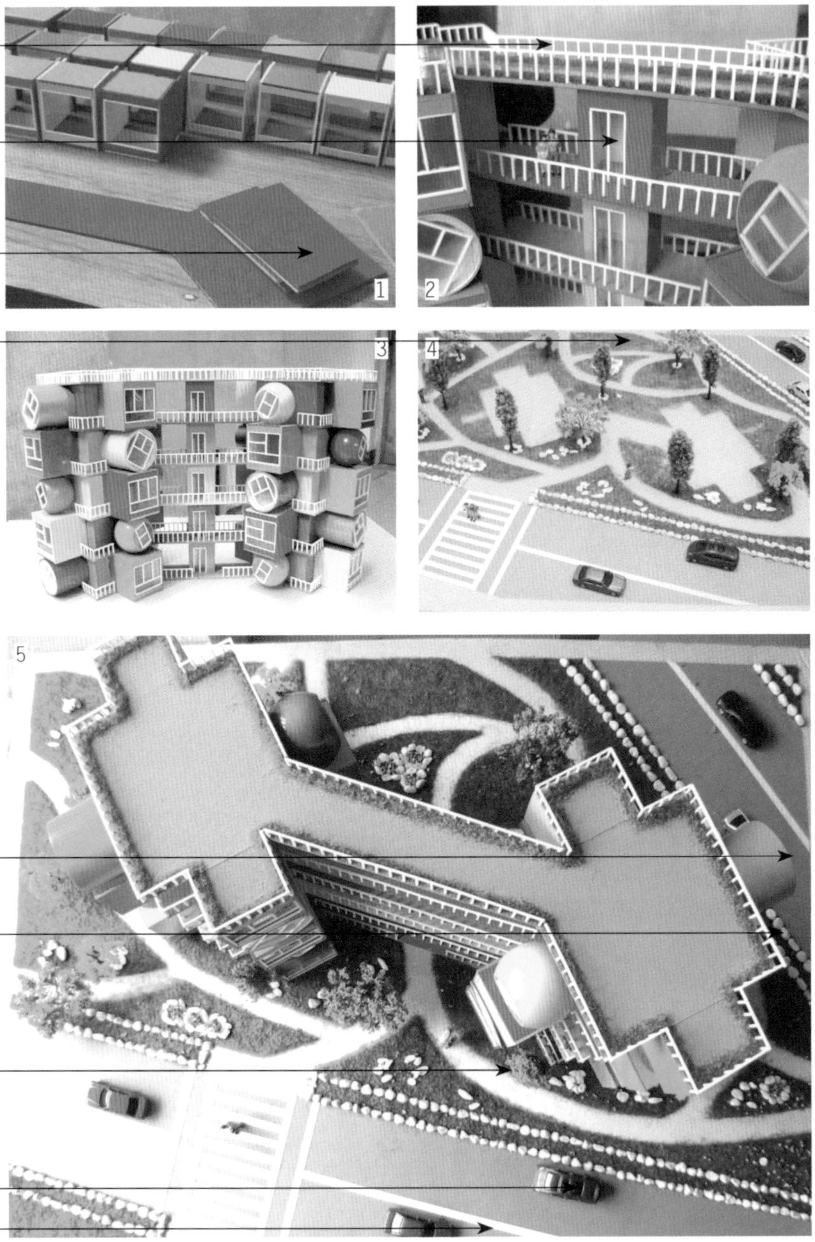

厚边长1mmABS杆

透明胶片门窗

Kt板喷涂油漆

双面胶粘贴草绒粉

粘贴模型基础构造时可先在模板底座上用铅笔标注出各构造的大致位置，以免有遗漏。粘贴草绒粉时，可事先在模型底板上勾勒出需要粘贴草绒粉的具体区域范围，以免出现粘贴错误导致返工。

灰色即时贴

白色碎石

成品装饰树

成品车辆
白色即时贴

图5-7　缤纷彩虹糖（陈璐　制作）

三、材料加工

在纸板上量出待拼装的具体尺寸后，使用裁纸刀将板材裁切下来。由于40mmPVC排水管的质地坚硬，要利用切割机来加工。乒乓球的开启洞口非常不易，要使用塑料瓶盖在球体上定位，再用铅笔在球上勾出圆形，最后用剪刀小心剪下需要去除的部分，用600#砂纸打磨边缘。待所有零件成型后就要开始喷漆，相同颜色的构件放在一起，同时喷漆可以最大程度节省原料。喷涂纸板时要用旧报纸垫底，喷涂PVC排水管与乒乓球时，要在内侧粘贴透明胶，防止将油漆喷到内部，影响美观。

四、组合拼装

　　将喷好油漆的20个立方体组装起来，立方体上的窗户玻璃采用透明胶片从内部粘贴。PVC管与乒乓球上要先用泡沫双面胶在内垫隔一圈，利用泡沫胶的厚度将胶片固定上去，并在胶片上粘贴窗框。最后将做好的构件逐一组装起来（图5-8）。

五、栏杆制作

　　栏杆的数量较多，是这件模型的重点，可以将ABS杆剪成10mm/段，使用600#砂纸将把每根栏杆的切口磨平后粘贴到的扶手上，再将

成品装饰树

白色碎石花坛

　　选择成品装饰树时，注意成品装饰树与整体模型的比例关系，避免出现树木过于高大以至于影响了主体建筑。花坛数量不宜过多，太多重复一致的物品会给人带来枯燥感，可以适当摆出不同的造型，增添趣味感。

成品装饰人物

图5-8　缤纷彩虹糖（陈璐　制作）

栏杆整体粘到模型中的相应部位，注意保持平整度。制作栏杆时间较长，最好一气呵成，避免隔天制作带来形体上的差异，也可以购买成品栏杆直接安装，但是要注意控制比例。

六、环境场景

规划出建筑场景，使用自动铅笔在PS底板上勾画出马路、草地、小区道路的具体位置。在马路上贴灰色即时贴，用窄双面胶贴出分道线与斑马线。采用双面胶粘贴到即将铺草地的部位，然后在双面胶上撒草绒粉，增加几个小花坛，在场景中插上成品树，配上人物与车辆，整齐放置白色碎石（图5-9）。模型的环境场景应尽量丰富，要与建筑风格保持一致。

彩色海绵花瓣

1

选择汽车或其他交通工具时，建议选择当前时代比较流行的款式，紧跟时代潮流；选择成品装饰人物时可选择在进行不同事项，有不同动作的人物，这样会使模型更贴近生活，更丰富。

2

完成建筑模型

图5-9　缤纷彩虹糖（陈璐　制作）

第三节　邪恶的舒适　/ 重要性 ★ ★ ★ ★ ☆

这套模型原版是一个酒店的卫生间，卫生间里充斥着邪恶的火红色，黑色条纹更增加了邪恶与妖媚的气氛，大面玻璃让空间显得幻境十足，冰冷的不锈钢材料的应用令空间更显刺激感，洁具隐藏在门后，长度近2m的水槽被灯光照射下成为"舞台"中心。

一、模型分析

整个模型所缔造的空间呈狭长矩形，空间划分较为简单。半侧为封闭的小空间，另一侧为开放的公共盥洗区域。材料多为反光较强的材料，由于内部细节过多，制作的难度也相应增大。

二、材料选择

使用12mm厚的白色PVC板制作材料的基层墙体，黑色卡纸附上透明塑料膜做反射较强的地板，红色与黑色卡纸贴上透明胶带纸表现瓷砖马赛克，水银镜片做了模型里的大幅镜面，PC透明板是洗手池的主材，用铁丝制作水嘴，泡沫塑料是洁具的主材，模型中的不锈钢材料全部采用易拉罐的包装表皮（图5-10）。

三、材料加工

模型墙体部分的PVC发泡板比较适合美工刀切割，经放样图纸计算后在其上画好尺寸即可用来切割成块（图5-11）；PC透明板则必须用专用的勾刀来切割；加工不锈钢材料的铝制易拉罐使用剪刀剪裁易出现边缘卷曲，因此最好使用美工刀切割；值得一提的还有瓷砖马赛克的表现，由于马赛克形块很小，单作是很难的，因此，可以将透明塑料胶带纸贴在彩色卡纸上再在其上用美工刀划出瓷砖分格，注意力度，不能将纸划透。

四、组合拼装

模型制作步骤应由分到总，先将模型分类制作好完毕再组合拼粘。例如，墙体制作时先将基层按尺寸切割好后，采用模型胶粘连，再让表层装饰沿着基层折叠出痕迹后，附在基层上面进行固定。模型中的推拉

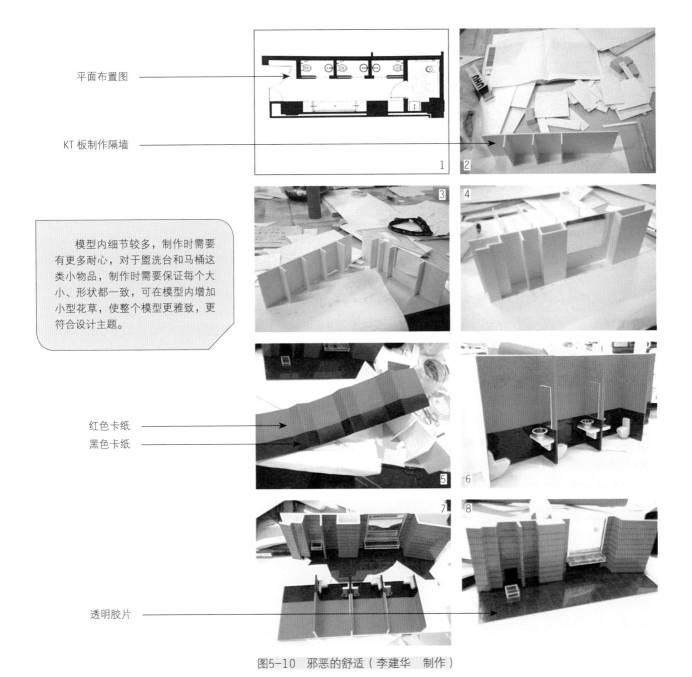

平面布置图

KT 板制作隔墙

模型内细节较多，制作时需要有更多耐心，对于盥洗台和马桶这类小物品，制作时需要保证每个大小、形状都一致，可在模型内增加小型花草，使整个模型更雅致，更符合设计主题。

红色卡纸
黑色卡纸

透明胶片

图5-10　邪恶的舒适（李建华　制作）

门要在墙体与地面固定之前装入墙体底端预留的凹槽中。玻璃镜装入时，由于自身厚度较厚，直接贴在墙体表面会严重影响美观，应事先在墙体上开出镜面大小洞将镜面卡进去再在墙面背面另外固定。

五、细节处理

像盥洗池里的出水口与顶面射灯灯筒都可以直接粘贴上反光纸裁剪

3层KT板墙体

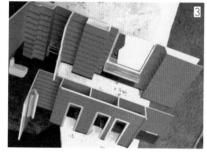

注意留好门洞尺寸，保证各门洞尺寸一致，控制好每个空间的面积，保证比例均衡。注意处理好卡纸模型与KT板底座的粘合部位，避免出现粘合不均导致模型两边一高一低。

银色纸板装饰

KT 板底座

图5-11 邪恶的舒适（李建华　制作）

好的圆形贴片模拟；地面地砖缝可以再塑料片上用刀划出痕迹也可在下面的卡纸上用铅笔画出线条表现。如果希望表现洁具的反射效果也可在雕刻好的泡沫上喷白漆等，凡是可以制造真实效果的手段都不妨拿来一试（图5-12）。

六、效果营造

就像真实空间需要灯光创造效果一样，建筑模型也要创造效果。为

LED 发光二极管照明

3mm 厚玻璃镜面

模型内细节较多，制作时需要有更多耐心，对于盥洗台和马桶这类小物品，制作时需要保证每个大小、形状都一致，可在模型内增加小型花草，使整个模型更雅致，更符合设计主题。

2mm 厚 PC 透明板

墙面覆盖压花 PC
透明胶片

银色纸板装饰

图5-12 邪恶的舒适（李建华 制作）

了模拟射灯效果，可以在模型顶面及地面钻好洞口，将并联的LED灯固定在洞口上即可，这样就能营造出良好的灯光效果。内视建筑模型的制作要领在于精致，模型体量不必很大，但是一定要提高制作工艺（图5-13）。

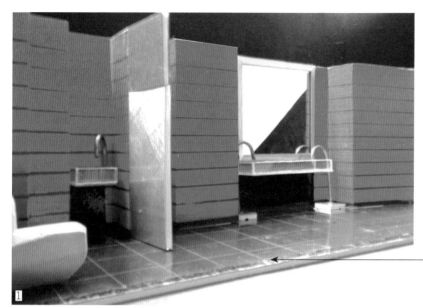

增加黑色塑料颗粒夹层可以很好的增加模型的厚重感。制作模型时注意各部位紧密贴合，确保模型的牢固，安装灯管时要根据顶棚设计图纸来确定灯管的位置以及具体安装数量，注意灯管不要过大造成炫目。

黑色塑料颗粒夹层

完成建筑模型

图5-13　邪恶的舒适（李建华　制作）

第四节　美式乡村风情 / 重要性 ★★★★★

这件模型的风格以目前比较流行的美式乡村风情为主，顺应当前我国小型建筑、别墅的设计潮流，具有一定的时尚性。模型主要表现建筑的木质墙板、大坡度倾斜屋顶、悬挑走道、烟囱、顶窗等特色构造，在制作过程中强调精细的工艺。

一、模型分析

建筑模型主体构造并不复杂，主要结构是大坡度屋顶，屋顶上开设2个窗户，需要单独制作。计划在模型中安装电池盒与灯具，为了方便控制开关，可以利用建筑旁边的宠物房放置电池盒。

周边也用双面胶粘贴了褐色瓦楞纸。

二、材料选择

建筑主体墙板采用5mm厚发泡PVC板制作，外部采用502胶水粘贴木纹壁纸，壁纸为家居装修的剩余角料，成本低廉。屋顶采用褐色瓦楞纸覆盖，边缘粘贴边长2mm木条。大底盘为25mm厚PS板＋3mm厚PVC发泡板，小底盘为18mm厚木质指接板，纹理与木纹壁纸基本一致。为了保持视觉上的稳固，底盘

三、制作细节

整件模型采用强力透明胶、双面胶粘接即可，关键在于木条的截面应打磨方正，控制胶水残留痕迹。电线穿墙时，在墙板的对应部位用加热的螺丝刀钻孔。严格控制窗台、屋檐、栏板、楼梯等木质构造的工艺，制作完成后可以用600#砂纸打磨（图5-14、图5-15）。

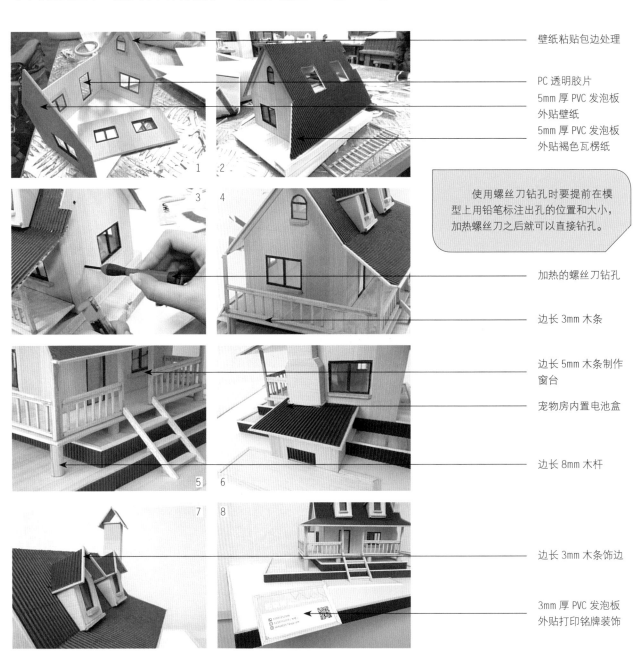

壁纸粘贴包边处理

PC 透明胶片
5mm 厚 PVC 发泡板
外贴壁纸
5mm 厚 PVC 发泡板
外贴褐色瓦楞纸

使用螺丝刀钻孔时要提前在模型上用铅笔标注出孔的位置和大小，加热螺丝刀之后就可以直接钻孔。

加热的螺丝刀钻孔

边长 3mm 木条

边长 5mm 木条制作窗台

宠物房内置电池盒

边长 8mm 木杆

边长 3mm 木条饰边

3mm 厚 PVC 发泡板
外贴打印铭牌装饰

图5-14　美式乡村风情（杨晓琳　制作）

25mm 厚 PS 板 ＋
3mm 厚 PVC 发泡板

18mm 厚木质指接板

褐色瓦楞纸饰边

电线穿墙时尽量走直线，避免交叉，一方面是为了整体的美观，另一方面也是为了保证电路顺畅，不会出现短路的情况。可以适当增加一些景观小品，但要符合整体设计的风格。

完成建筑模型

图5-15 美式乡村风情（杨晓琳 制作）

第五节 行云流水 / 重要性 ★★★★☆

这件模型在彩色光线映照下，借着泛碧波的底面显得超凡脱俗。模型、底面、光线三者珠联璧合，使得整个作品大气、清新、流畅。

一、建立模型

这是个言简意赅的作品，构造极其现代，整个模型以方体、柱体与曲面为元素，加以流畅的曲线一气呵成，采用PVC发泡板制作基础形体，管道侧面采用瓦楞纸覆面，留空构造为透窗与出入口。

二、组合模型

将完成的模型构件进行组合，由于曲面形体粘合时格外注意拼接的准确性，上胶后需要长时间固定。底座选用质地坚硬的塑料管做柱底支撑，打破传统支撑方式，改用散状的点式来支撑模型。曲线比是按照人体工程学来设定，无论从模型的手感，还是实体建筑的视觉感受都很完美（图5-16）。

3mm 厚 PVC 发泡板

墨绿色瓦楞纸

制作时注意控制好ABS管之间的距离；粘贴瓦楞纸时，注意瓦楞纸与发泡板之间不宜有间隙，以免后期瓦楞纸脱落；粘贴银色纸板时注意收边。

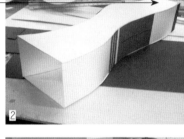

绿色皮纹纸

25mm 厚 PS 板底盘＋
KT 板饰面

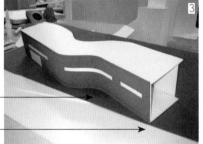
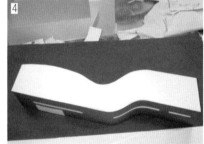

1.2mm 厚银色纸板

15mmABS 管

图5-16　行云流水（董多　制作）

三、饰面修整

将组合的模型按比例叠加，在顶面贴上绿色草皮纸，侧面采用蓝色有透明胶片装饰。底面选用蓝色透明胶片垫底，营造出海水的氛围。模型底面安装彩灯，通过透明胶片反射到周边的物体上，通过反射光来衬托模型的灵气与灵动。底面大范围以圆形为元素，选用圆形做蘑菇状的亭台水榭，打破空寂的"碧波"亭台水榭下面点状草坪，突出环保理念，让人顿觉清新之意（图5-17）。

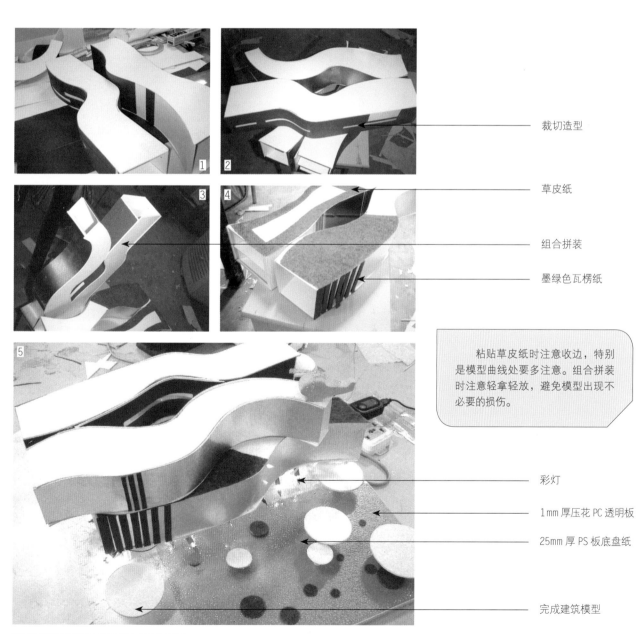

裁切造型

草皮纸

组合拼装

墨绿色瓦楞纸

粘贴草皮纸时注意收边，特别是模型曲线处要多注意。组合拼装时注意轻拿轻放，避免模型出现不必要的损伤。

彩灯

1mm厚压花PC透明板

25mm厚PS板底盘纸

完成建筑模型

图5-17 行云流水（董多 制作）

第六节　理想的家园 / 重要性 ★★★★★

这件模型采取写实的制作手法，将手工习作建筑模型的制作工艺发挥至最高水平。模型制作材料的品种丰富，后期采用一些成品构件，能提高制作效率，从制作过程至最终效果，都不亚于采用切割机制作的商业展示模型。

一、建立模型

建筑模型主体采用PVC发泡板制作，主要门窗采用蓝色磨砂胶片从内部粘贴，蓝色瓦楞纸制作的屋顶边缘采用ABS方杆收口才能显得精致。建筑外墙局部铺贴彩色图案贴纸，使建筑显得更有层次。模型的顶盖保留一部分待最后粘贴，以便随时修整模型的内部构造（图5-18）。

3mm 厚 PVC 发泡板

原始设计图纸

徒手绘制模型图

> 绘制模型图时建议把模型内部细节部位进行立面绘制，这样更有利于后期细节的制作与处理。

1mm 厚蓝色磨砂胶片

2mm 厚压花 PC 透明板

2mmABS 方杆

3mm 软木方杆

蓝色瓦楞纸

彩色图案贴纸

成品 ABS 栏杆

6mm 软木方杆

1mm 厚压花 PC 透明板

草皮纸

图5-18　理想的家园（卢永健　制作）

二、制作配景

将完成的建筑模型主体粘贴至PS板底盘上，在模型周围放线定位，铺贴草皮纸制作草地，将彩色图案贴纸粘贴在PVC发泡板上，制作地面铺装道路，采用软质木杆制作小品、围墙等。有选择地购置一些成品构件粘贴到模型场景中。配景制作要求特别精致，制作工艺水平甚至要超过建筑主体，才能满足高标准观赏需求（图5-19）。

三、铺装绿化

草皮纸接缝部位可以用绿色草粉铺撒掩盖。树木一般购买成品件，穿透草皮纸，用力插入PS板底盘中即可，树干根部采用强力透明胶作局部固定。彩色且低矮的树木放置在建筑前方，单一且高大的树木放置在建筑后方。将成品绿化灌木整齐地粘贴至建筑外围的墙角处，仔细修剪整齐，最后在整体绿化部分表面均匀撒上彩色海绵树粉作装饰。

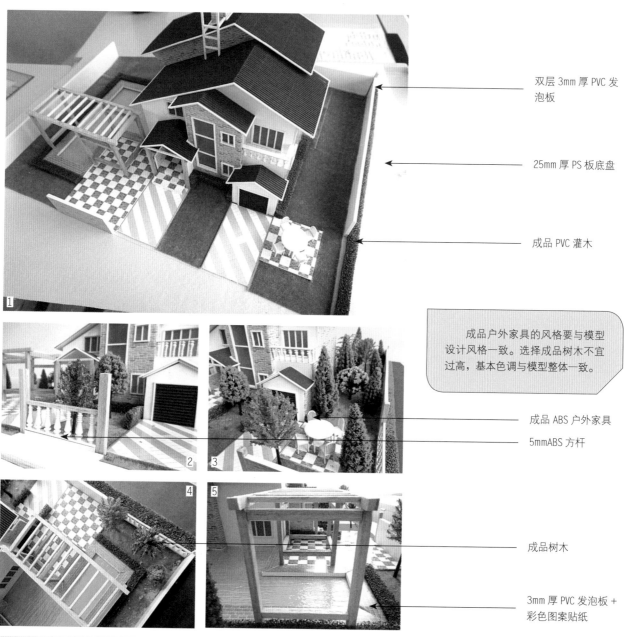

双层 3mm 厚 PVC 发泡板

25mm 厚 PS 板底盘

成品 PVC 灌木

成品户外家具的风格要与模型设计风格一致。选择成品树木不宜过高，基本色调与模型整体一致。

成品 ABS 户外家具

5mmABS 方杆

成品树木

3mm 厚 PVC 发泡板 + 彩色图案贴纸

图5-19 理想的家园（卢永健 制作）

四、局部修整

由于是长期制作的模型，在制作后期，前期制作模型与配景可能会发生松动或脱落，这时需要使用502胶水再次强化固定。将厚纸板裁切为边条贴在模型底板周边作装饰。最后使用剪刀、砂纸、裁纸刀将各细节部位重新修整一遍（图5-20）。

习作建筑模型的制作材料、工具简单，其实花费的时间并不多，但是工艺可以无止境提高，其展示、收藏的价值更高。因为制约建筑模型品质的核心在于制作者，而不是机械设备。在学习过程中可以借用机械设备，但不能完全依靠。

制作时注意控制好ABS管之间的距离；粘贴瓦楞纸时，注意瓦楞纸与发泡板之间不宜有间隙，以免后期瓦楞纸脱落；粘贴银色纸板时注意收边。

彩色海绵树粉

1.2mm 厚米色石纹纸板

布纹纸

完成建筑模型

图5-20 理想的家园（卢永健 制作）

第六章
优秀作品欣赏

PPT课件，请在计算机里阅读

欣赏优秀作品可以更好地培养制作素质，在前期不断模拟制作优秀作品的过程中，制作者可以从优秀作品汲取灵感，学习到这些优秀作品制作的工艺，从而在后期制作者独立创作时，能清晰的明白该做什么，以及为什么要这样做，对制作者自身提高制作能力有很大帮助。

欣赏优秀建筑模型的主要目的是提升制作者的审美标准，在独立制作建筑模型时，制作者能在头脑中建立参照对象，不断比较自己的作品与范例之间的差距，促使自己的制作水平不断提高。优秀作品的共性在于制作工艺精细、材料选配得当、布局规划完整，达到这些标准并不难。在学习阶段，可以以优秀建筑模型为范本，将模仿、参考、独创三种方法综合应用，快速提高建筑模型的设计、制作水平（图6-1）。

图6-1　房地产建筑规划模型

欣赏优秀建筑模型作品能广泛了解模型现状，从别人的作品中找到自己的创意灵感。

第一，优秀的模型作品要完整，主体建筑与配景陈设一应俱全，细节与比例相应，能正确反映建筑设计的原貌，模型底座给人稳固、牢靠的感觉。

第二，是造型精致，各建筑构件之间的衔接自然平和，没有拼装时产生的凸凹痕迹，门窗边框粗细一致，配景植物形态统一，排列整齐，如果内部增加灯光照明，一定不能在墙体板材的接缝中看到"漏光"。

第三，是最好能在模型中增加部分创新材料或创新理念，例如，变色灯光，遥控照明，可分解的建筑构造等，这些都能提高模型产品的商业价值。

第四，要注重模型的制作成本，现代商业模型都有一定的时效性，尽可能使用普及材料或废旧材料制作，过多的投入反而会降低市场竞争力。

优秀的模型作品能给我们带来无限的启示，它是初学建筑模型设计与制作的最好范本。

图6-2　无印良品外观模型（宋创　等制作）

 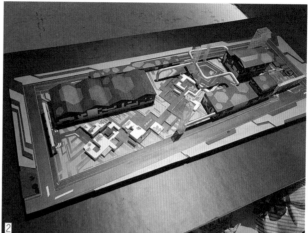

图6-3　工厂外观模型（何秀峰　程乾制作）

图6-4　主题酒店内构模型（季秋侠　制作）

图6-5　Live House内构模型（蒋康康　制作）

图6-6　展示模型（程雯　沈欢制作）

图6-7　建筑外视模型（钟伟婕　制作）

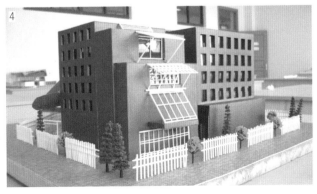

图6-8　建筑外观模型

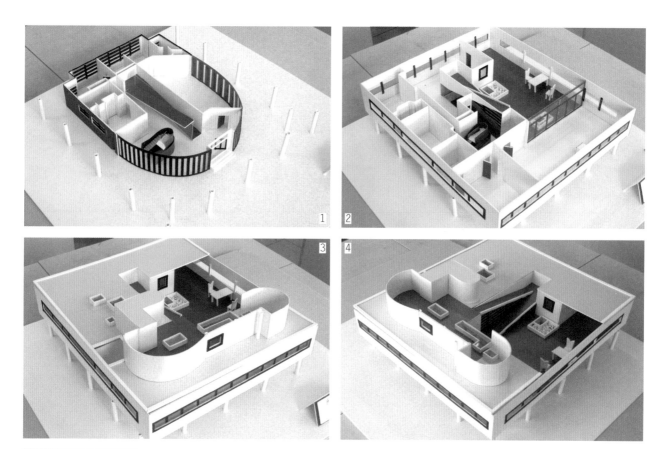

图6-9　建筑内构模型

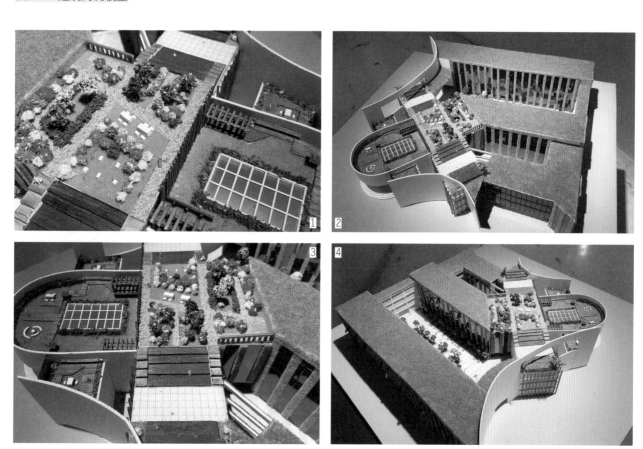

图6-10　建筑外观模型（涂静萱　等制作）

制作建筑外侧山体时注意
其裂痕的表现，石膏涂抹山体
时可以不必要求均匀，粗糙感
更能体现模型的真实性。

图6-11　建筑外观模型

制作模型时先用铅笔勾
勒好建筑的雏形，裁切时注
意尺寸比例，制作高架桥时
要考虑好其承重性，以此确定
放置多少交通工具比较适宜。

图6-12　建筑外观模型（李佳倩　丁琲漓制作）

制作时注意处理整体建筑的协调感，处理好建筑台阶的褶皱感很重要，这能更加体现建筑的风格特色。可先在模板上标注出每个窗体的具体位置以及洞体大小，确保模型的整体美观性。

图6-13　建筑外观模型

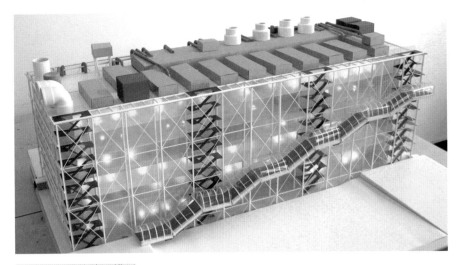

图6-14　建筑外观模型

制作扶梯时，要事先计算好需要扶梯的层数，再按照尺寸比例制作每一层扶梯。模型内部安装灯管时要提前计算好灯管的数量以及安装的具体位置，顶棚设计要和整体建筑模型的风格一致。

图6-15　建筑外观模型（周慧敏　高依依制作）

事先在瓦楞纸上规划出建筑屋顶的形状以及尺寸，裁切后用砂纸进行打磨，使之光滑。选择成品装饰树时注意比例大小，树桩处曲线台阶要柔滑有造型，而不是随意扭曲。控制好窗洞大小，将裁切好的透光板安装进去即可。

图6-16　建筑规划模型（陈杰　等制作）

建筑模型整体构造较多，要注重细节部分的制造，先按照设计图纸勾勒出房屋的大小和具体位置，再将制作好的房屋进行粘贴。注意房屋外侧大片植被的制作，处理好建筑与周边自然环境的主次关系。

模型中表现山体的部分较多，制作前先去实地观察山体的特点，明确好山体与植被的关系，主打模型为建筑，为避免主次混淆，设计山体和植被时可以从植被的生长方向来突出建筑物。建筑所选色调应与山体、植被色调相应。

图6-17　建筑规划模型（蔡金鹏　等制作）

模型建筑采用多种几何形体组成，模型中植被较多，选择成品装饰树时不宜过高，以免遮挡住主体建筑，要明确主次关系。

图6-18　建筑规划模型（戴密　等制作）

整体模型属于独栋建筑，阳台比较大的情况下，可以增加休闲座椅，给整体建筑增加趣味性，不至于单调，制作时需要有足够的耐心。

图6-19　建筑外观模型（樊阳　等制作）

作为中式建筑，制作模型时一定要统筹各构件和整体风格上的统一，对于屏风类的模型制作其造型时要小心勾勒，另外作为区分空间的单层墙体构造，造型时要提前勾勒出造型，再进行进一步的细雕。

图6-20　建筑内视模型（陈丝　等制作）

图6-21 建筑外视模型（黎梦 等制作）

图6-22 建筑外视模型（蔡律 朱悦制作）

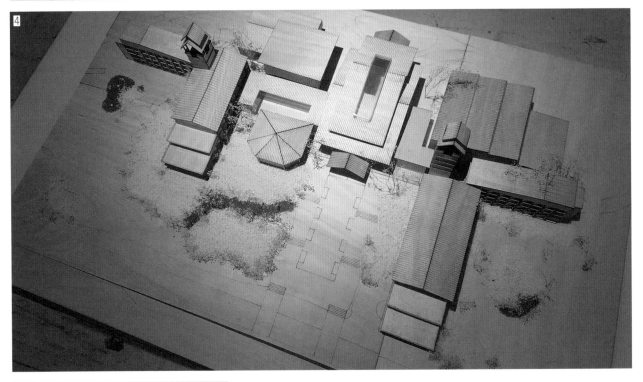

图6-23 建筑外视模型（邹枫 王傲制作）

参考文献
REFERENCES

1. ［德］科诺，黑辛格尔. 译. 建筑模型制作：模型思路的激发［M］. 大连：大连理工大学出版社，2007.

2. ［德］安斯加·奥斯瓦尔德. 建筑模型［M］. 沈阳：辽宁科学技术出版社，2008.

3. ［美］克里斯·B·米尔斯. 建筑模型设计［M］. 北京：机械工业出版社，2004.

4. ［美］米尔斯. 设计结合模型制作与使用建筑模型指导［M］. 天津：天津大学出版社，2007.

5. ［英］波特等. 建筑超级模型［M］. 北京：中国建筑工业出版社，2002.

6. ［日］仓林进. 室内设计模型制作［M］. 上海：上海人民美术出版社，2007.

7. 黄源. 建筑设计与模型制作用模型推进设计的指导手册［M］. 北京：中国建筑工业出版社，2009.

8. 洪惠群等. 建筑模型［M］. 北京：中国建筑工业出版社，2007.

9. 郑建启，汤军. 模型制作［M］. 北京：高等教育出版社，2007.

10. 孟春芳等. 建筑模型制作［M］. 南京：江苏美术出版社，2007.

11. 褚海峰等. 环境艺术模型制作［M］. 合肥：合肥工业大学出版社，2007.

12. 刘俊. 环境艺术模型设计与制作［M］. 长沙：湖南大学出版社，2006.

13. 朴永吉，周涛. 园林景观模型设计与制作［M］. 北京：机械工业出版社，2006.

14. 郎世奇. 建筑模型设计与制作［M］. 北京：中国建筑工业出版社，1998.

15. 严翠珍. 建筑模型：设计·制作·分析［M］. 哈尔滨：黑龙江科学技术出版社，1999.

16. 郭红蕾等. 建筑模型制作：建筑园林展示模型制作实例［M］. 北京：中国建筑工业出版社，2007.

参编人员

　　本书所采用的大部分图片作品由湖北工业大学艺术设计学院与工程技术学院师生们亲手制作，在此表示衷心的感谢，同时也向提供商业模型图片的企业表示感谢！

　　以下是本书部分模型制作者，排名不分先后。

曹岳雯　陈　婧　陈伟冬　陈依涟　陈昭义　曹　宁　何　茜
蒋　林　卢永健　李廷廷　聂晓婷　吕恒菲　李　佳　李　蓓
雷　霆　马一峰　黎　梦　彭定康　秦雅文　仇梦蝶　舒俐芸
陶称心　谭松阳　王　露　王　琳　王雪睫　王　琪　王靖雯
王　靖　王艺飞　邬胜男　吴　琦　宋　创　苏　娜　余玫莹
余珺怡　杨　虞　杨佳琪　杨晓琳　朱书奎　张　磊　曾令杰
李雯琪　朱　江　张　妍　张紫薇　周芷媛　方　禹　张　腾
赵　媛　周　娴　赵小璇　周怡婷　邹　枫　朱　悦　向芷君
王　欣　张　颢　袁　倩　柯玲玲　童　蒙　张　达　黄　溜
王光宝　戴陈成　张慧娟　万　阳　刘　涛　王江泽　杨思彤
闫永祥　姚　欢　李　俊　曾庆平　李鹏博　柏　雪　孙春艳

　　由于时间仓促，本书的编写任务繁重，未及时联系到书中部分图片的原创作者，在此表示歉意，请图片原创作者见书后与作者取得联系，即按国家标准支付稿酬。